HIGH-END RESIDENTIAL DESIGN TREND IN TAIWAN

精品文化工作室 / 编

台湾高端住宅设计新趋势

U0351900

大连理工大学出版社
Dalian University of Technology Press

图书在版编目 (CIP) 数据

台湾高端住宅设计新趋势 / 精品文化工作室编. — 大连 : 大连理工大学出版社 , 2014.9
ISBN 978-7-5611-9476-8

Ⅰ . ①台… Ⅱ . ①精… Ⅲ . ①住宅 – 建筑设计 – 台湾省 Ⅳ . ① TU241

中国版本图书馆 CIP 数据核字 (2014) 第 194134 号

出版发行：大连理工大学出版社
（地址：大连市软件园路 80 号 邮编：116023)
印　　刷：深圳市雅佳图印刷有限公司
幅面尺寸：285mm × 285mm
印　　张：29
插　　页：4
出版时间：2014 年 9 月第 1 版
印刷时间：2014 年 9 月第 1 次印刷
责任编辑：裘美倩
责任校对：王丹丹
封面设计：杨春明

ISBN 978-7-5611-9476-8
定　　价：398.00 元

电 话：0411-84708842
传 真：0411-84701466
邮 购：0411-84708943
E-mail：designbookdutp@gmail.com
URL：http:// www.dutp.cn

如有质量问题请联系出版中心：（0411）84709043 84709246

PREFACE / 序言

Montage Space Integration
与我一起走进Montage空间整合美学

近几年，台湾地区消费价值观的改变带动了其生活形态的改变，人们越来越重视空间设计的情境性与内在的文化价值，因此也催生了许多质感豪宅。能让人们在都市繁忙、紧凑的生活之余，跳出既有的框框，享受悠闲的氛围。此类设计既强调传统又强调现代，既交融时尚又纳入内敛，既奢华贵气又自然朴质，运用各种材质形成对比，精心设计打造，细腻地传达体验式精神，达到实用又休闲的效果，创造精致的生活形态。特别注重光线，重视不同时间内在光线的引导下，室内呈现的不同状态。光是静静地观看，就能让人心情沉稳安定。空间更将东方传统的阴阳共生的生命哲学，画龙点睛地融入到西方古典的艺术线条之中。加上光影、层次的剪辑处理，展现既复古又现代，西方色彩融合东方精神的感性Montage，除了美之外，更注重质感，以营造优质生活为责任。

近年来，我一直将设计目标放在高端室内规划上，设计过各式各样的空间。作为设计工作者，我深感东西方文化融合的重要性，因此将西方丰富的建筑经验、深厚的空间素养、古典元素与东方当代设计相结合，开创了不一样的奢华Montage美学风格。

我对Montage设计手法的解释就是减法与整合，以灵活的编辑手法来演绎空间。通过分层与组接，对素材进行选择和取舍，使空间内容主次分明，引导视觉进入焦点，激发联想，创造出独特而具有创意的空间。

对我而言，Montage是自如地交替与驾驭元素的一种手法，可以带给空间不同时空、角度的美，由素材之美营造的更迭与节奏，更为使用者创造了不一样的生活体验。

感性Montage：自经典风格中提炼出意义重大的元素，从不同的侧面和角度捕捉、解构风格的本质，重新组构成空间。利用渲染的手法突显空间的意义与特征，表现出更进一步的情感。

理性Montage：用实境与意境穿插的手法，表现空间的鲜明特色。

隐喻Montage：将巨大的概括力和极度简洁的表现手法相结合，产生强烈的情绪感染力。

对比Montage：通过空间大小、色彩冷暖、声音强弱、动态静态等的对比，在相互冲突的作用下，强化美感和空间思想。

不论空间的属性，从室内设计的整体规划，到美学装置的陈设，大量地运用东方思想来结合西方建筑；将西方流行的时尚元素，融入生活形态之中。以自己的美学意识去拆解，为空间使用者进行转化与延伸，赋予空间更不一样、更丰富的新内涵。塑造当代都会美学与时尚相结合的生活形态。

Montage就是要融合东西方故事的精华元素，将古今文化内涵完美地结合起来，是一种向经典致敬的态度。充分利用空间形式与素材，整合古典、新古典、现代、东方、极简等各式风格，创造出个性化的家居环境。混搭只是把各种风格的元素放在一起做加法，而Montage是把故事元素以减法编辑。关键在于是否和谐，我认为能够结合现代与传统，并能融入多元文化，融合层次渲染效果的Montage，才是主流。

年轻人看了觉得很时尚，成熟的人看了觉得很怀旧，中国人觉得很西方，外国人则觉得很东方，是合璧也是华洋共处，是新旧交融，同时也在怀旧的古典里，看见现代时尚。没有Montage，电影不能成为艺术。在空间设计的世界里，没有Montage，将失去时代感与美学价值。

Montage内观且泰然，以无界为界。

内观，是志学的方式，宁静致远，身心安定，着重于空间气氛中“静”的营造。泰然，是对空间深层次含义的参透，是艺术的表达，表现出空间的洗炼精神，描绘出居住者的品位。这就是Montage。

内观与泰然是东西合璧的精髓，也是古典与现代巧妙的融合，交汇出全新的美学风格。内观与泰然更是以东方元素烘托空间的宽容大度；以西方元素表现人文素养与优雅的气质。运用原始素材的粗犷，反衬出空间的沉稳、内敛。运用光影的变化勾勒出空间线条，带出不同的空间氛围，丰富视觉层次。

在规划与设计中，我希望能融合东西方的哲学思想与艺术的精华，创造内观与泰然的极致设计。让Montage整合美学，融入慢、静、善、简、雅的生活态度，创造极美的生活空间。

慢设计（Slow Design）：慢是一种挥霍时间的艺术。需创造平衡，以一种协调而平衡的速度，让人享受安逸休闲的生活……现在的人较50年前的人工作的时间更久，幸福感却在下降，孤独感也越来越强。我们什么时候才能平静下来？以一种正常而平衡的速度生活？慢活，是一种态度，一种生活方式，更是一种能力。慢下来才能享受格调生活之美。慢下来，才能倾听内心的声音，发现生活的美好。将慢下来的想法与室内设计相结合，用Montage借景手法打磨出家居休闲的精致与光彩。

静设计（Basic Chic）充盈能量，感受到内在的力量，集聚与发散。由内而外绽放出强大的生命力。只有安静下来，内在的力量才会一点点集聚和发散出来。

有人在忙碌一天之后，喜欢在空闲里盘腿而坐，双眼微眯，两手抚膝，让气息徐缓慢长起来。这已经成为他们平息劳累的一种方法，一种习惯的姿态。安静作为一种文化，已经极大地影响了人们的日常生活和行为方式，以及各种艺术。古人的茶道、围棋、抚琴，都以安静为根底，传递出一种深长的静思意味。静所讲究的是道法自然的空间比例尺度、神形一致的空间配置，可达到以静制动，以柔克刚之效。Montage的时空转换，可以让人静下来，品悟自然的气质，感受自然的力量，领悟自然的规律。

善设计（Creative Design）以人为本，与人为善，止于至善。处处体贴，让使用者的生活品质能够更加向上、更加良善。

设计从来就不只是表象，良善的设计，让人身居其中，眼见的都是“美”的传递。你也许欣赏设计，爱设计，也“买”设计，但是其实设计除了被观赏、被使用、被保存外，它更是设计者挖空心思后，期待使用者的生活品质能够更加良善的心意。

居善地，种善因，结善缘，得善果，在一个有限的空间内，也能形成一个良性的回环，Montage的理性手法，便是通过材质选取、细节、量身定制的设计，打造幸福美满的生活。

简设计（Simple Nature）倡导极致质感，简才能显极。浓缩精华，简而不凡。让人感受到一种深入人心的目的性。采用更高级的材质，也更注重细节，呈现出精致的设计，以量身定做的独特，让人感动。去除不必要的负担，让你的生活之舟，只承载你所需要的东西。Montage的减法设计让生活的画卷适度地留白，能包容更多静好的岁月，留下幸福的记忆。

雅设计（Light Luxury）：优雅是一种恒久的时尚。文化滋养，雅生自文化的陶冶中，也在文化的陶冶中绵延发展。

优雅是一种和谐，类似于美丽，只不过美丽是上天的恩赐，而优雅是艺术的产物。优雅从文化的陶冶中产生，也在文化的陶冶中发展。Montage的陈设手法就是雅，同时也是一种气质，从文化、审美、视界、胸襟、智慧中孕育出来的色彩、文化、艺术、软装的讲究，让空间产生一种让人心生欢喜的气质。赋予空间一个非贵不能营、非雅不能居的极致奢享新境界。

天坊室内设计　张清平

CONTENTS 目录

EUROPEAN STAR

欧洲之星

地 点 / 中国台湾台中　**面 积** / 363m²　**设计师** / 张清平

设计公司 / 天坊室内计划

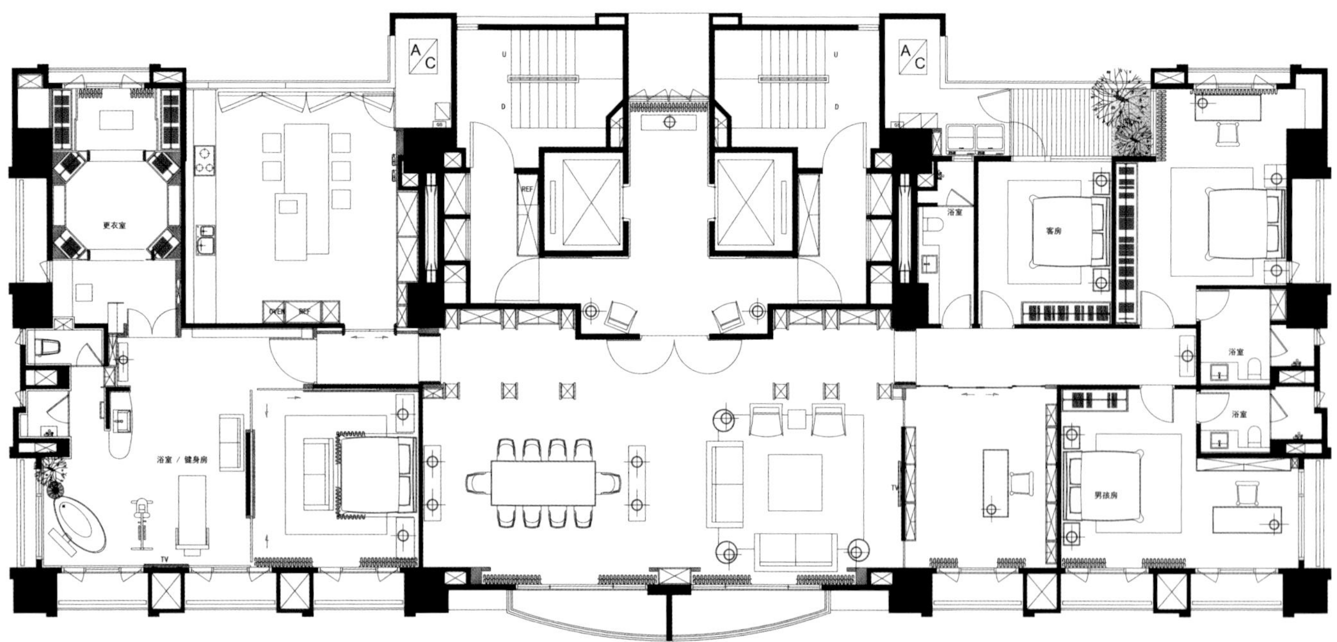
A/C
更衣室
OVEN
REF
浴室 / 健身房
TV
A/C
浴室
客房
浴室
浴室
男孩房
TV

通过沟通、了解及对生活细节需求的研究，最终，本案白天用自然光，晚上用设定光源来渲染空间的层次，营造出一种对应与反差的关系，使家不再只有住的功能，而成为修身养性的场所。设计以穿透对应的理念在空间中营造明与暗、内与外、静与动、开放与隐秘等对应关系，创造出不同空间轴线的堆叠与穿透，最后呈现了一个采光充足、具有流动性的空间。

光是最经济、最营造气氛的元素，也是最主要的工具，有了光，我们可以感受空间，可以了解空间尺度。设计利用空间的开放与隐秘，光线的明与暗，层次的对比和渐变创造出空间堆叠与穿透的流动感，呈现了一个由光渲染的空间。

不同空间的对称和反差，让人们以不同的角度认识空间，引领使用者超越既定的想象，实现内心深处的愿望。

COLLECTION
COLLECTION
COLLECTION
museums
COLLECTION
Details in Architecture
COMPACT

High-end Residential Design Trend In Taiwan

ZHEN BAO

臻 宝

地点 / 中国台湾台中　**面积** / 860m²　**设计师** / 张清平

设计公司 / 天坊室内计划

业主特别注重人生每个阶段的生活感受，希望过着自己向往的生活，与家人一同享受生活的每一天。因此，如何凝聚家人之间的感情，让每个人都能开心地享受家庭生活成为了本案设计的重点。

空间风格语汇结合了古典与现代，特别注重居住品质与休闲功能。一层入口玄关采用延伸拉长设计，划分出了主（客厅）次（起居）关系，并结合了家人的休憩与阅读空间。演奏钢琴区的摆置增添了空间的多元使用与娱乐趣味。六层的SPA空间设计上，以全家人一同享受为设计的起点。平面、隔间、天花板的连续设计，搭配蛋形独立式浴缸，提升了空间的趣味性。

设计强调体验式精神，达到实用又休闲的效果，创造出精致的豪墅生活形态。

LOUVRE

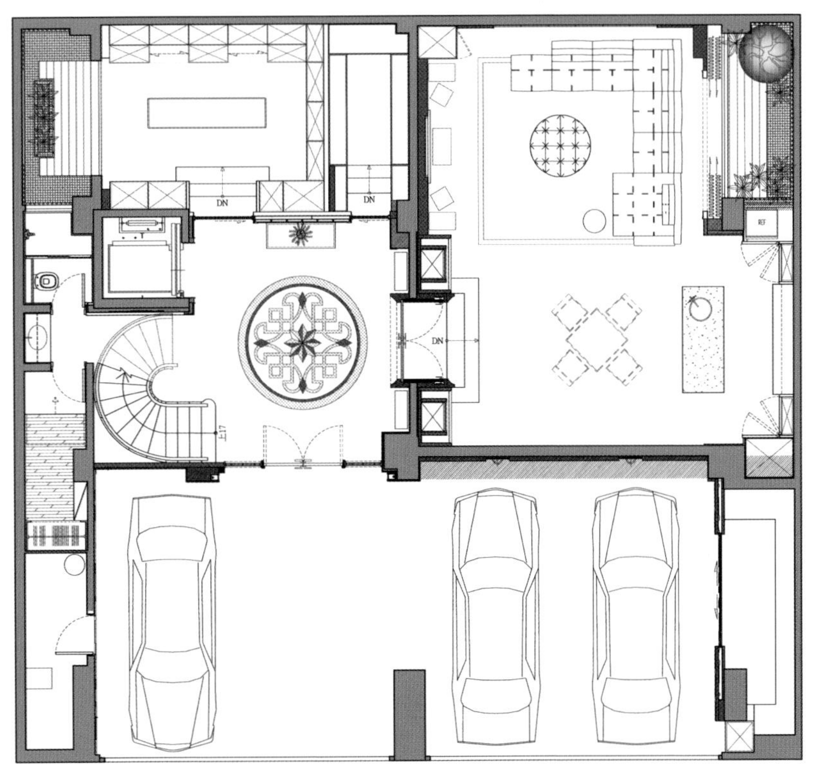
DN
DN
DN

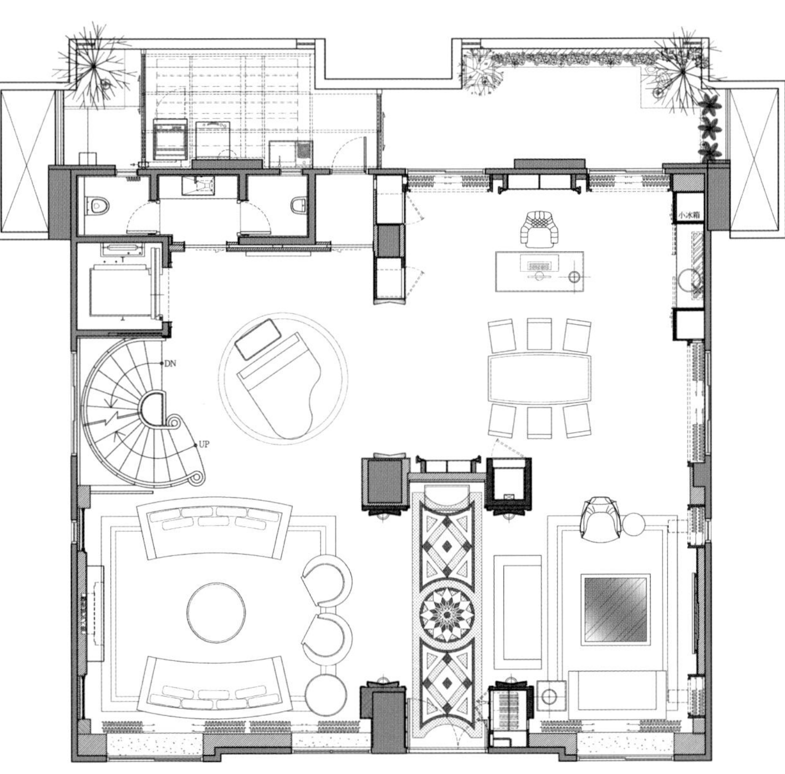
DN
UP

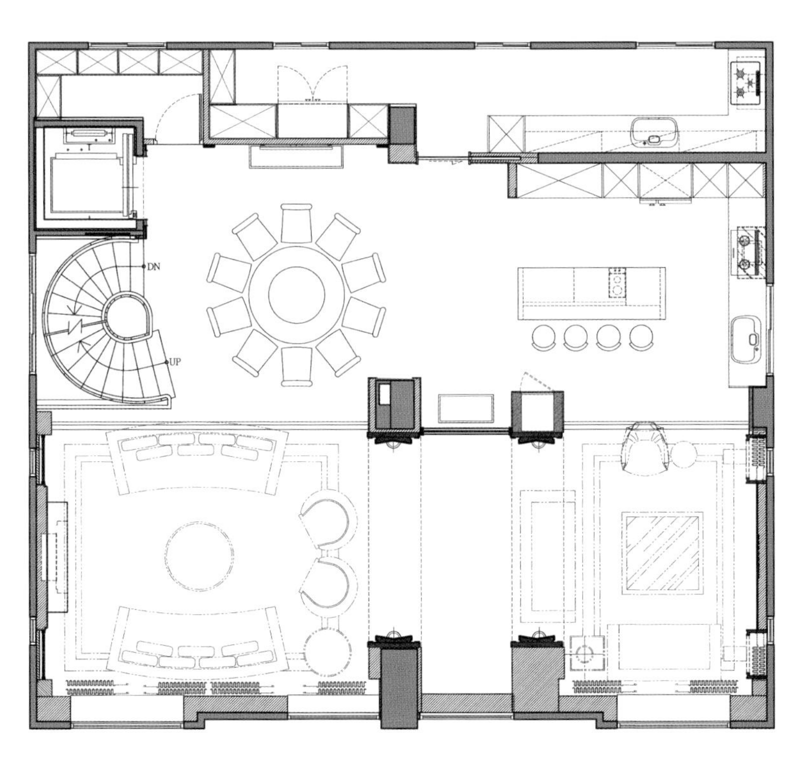
DN
UP

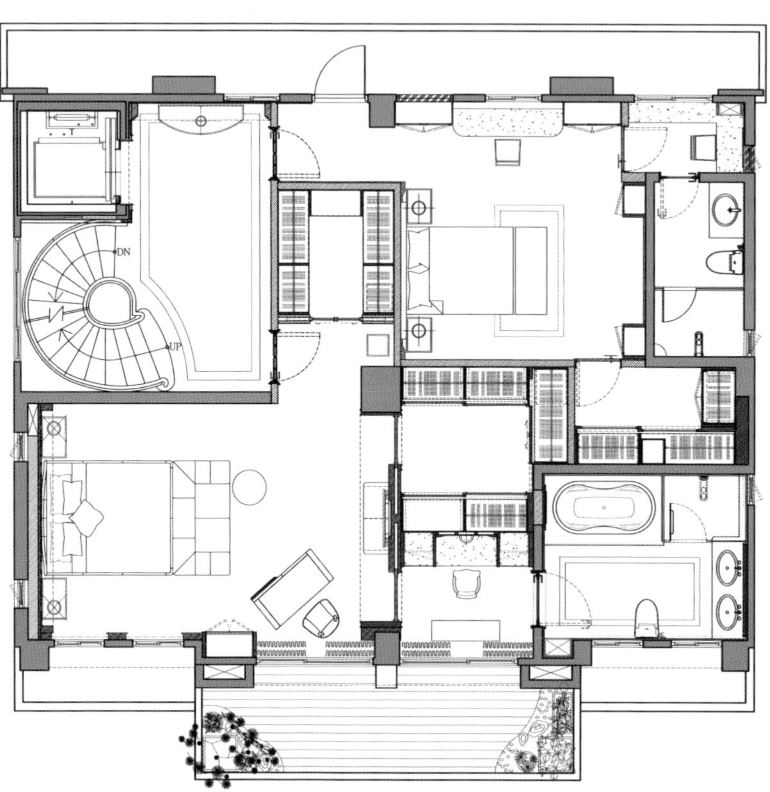
DN
UP

DN
UP

DN
UP

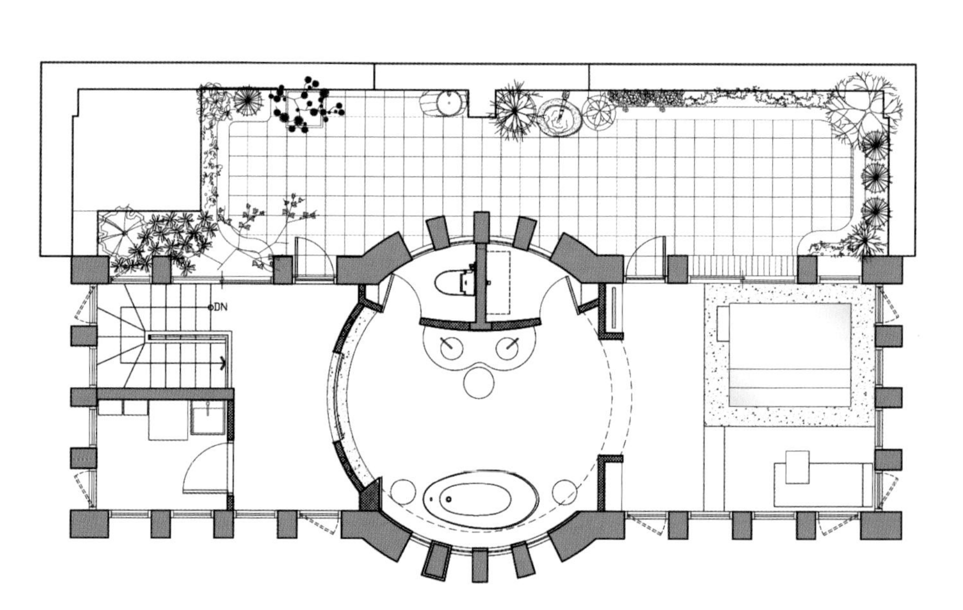
DN

TAICHUNG CITY BUILDING 1

台中国家1号院

地 点 / 中国台湾台中　**面 积** / 198㎡　**设计师** / 张清平

设计公司 / 天坊室内计划

inSIDE / outSIDE

本案是全新的住宅空间，但要讲述的却是曾经、记忆和质感的融合，古典与现代的邂逅。要用怎样的设计语言，来书写这样一个高难度的故事呢？

流畅协调的格局实现了干净利落的视觉效果，这种干净饱满和丰富，本身就是一种独特的设计，它让背景不仅仅是背景，成功地烘托出了家具和室内装饰品的质感，同时也饱含了对历史以及文化的尊重与追求。

充足的光线使室内更显宽敞，细致的木工呈现出一种难得的手工感。这种手工不陈旧，反而很清新，带着对过去的缅怀以及对未来的期待。

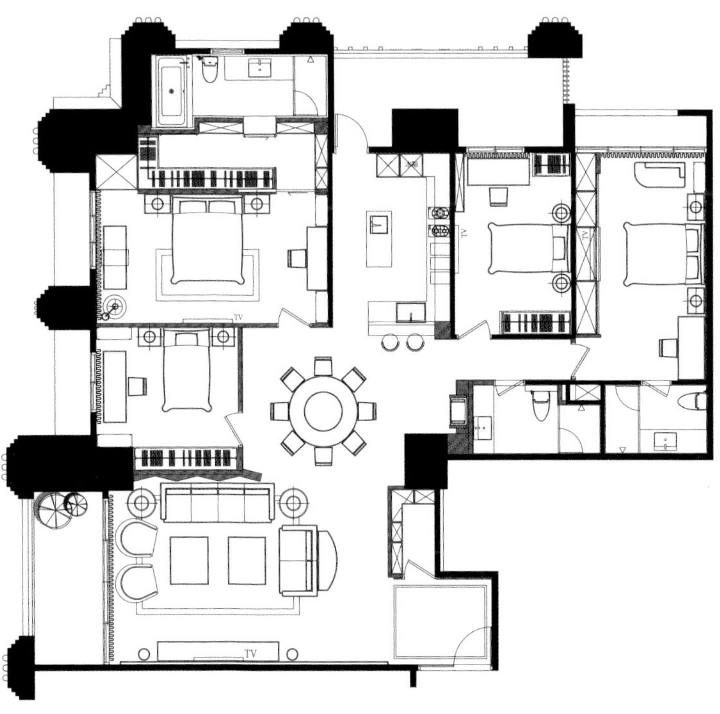
TV
TV

拉

High-end Residential Design Trend In Taiwan

TIEN FUN O MAIN HALL SHOW FLAT

望今缘样品屋

地 点 / 成都　**面 积** / 490m²　**设计师** / 张清平

设计公司 / 天坊室内计划

FENDI

望今缘室内空间展现了当代豪宅的未来趋势，以东方蒙太奇的设计手法打造，结合东西方文化特色与设计元素，打造出令人耳目一新的设计。

过厅廊道的设计上，望今缘的规划有着公共建筑般的气派，不仅与主体建筑相呼应，更突出了豪宅本身的宏伟气派。过厅同时串联了宴会厅与会客厅，将对外开放的区域巧妙地结合在一起，创造出开放与私密自然分离的空间格局效果。

会客厅结合演奏厅、休憩区、品酒区与会客厅，通过形体和室内空间的丰富变化来彰显尊贵的个性。会客厅旁有巨幅落地玻璃外墙，能揽进良好的景观视野，而户外景观通过窗户更在室内实墙上投下了斑驳而生动的阴影。

主卧房作为豪宅主人独享的私密性生活空间，是所有功能空间的重中之重。因此，依据男、女主人的不同使用需求，设计单独配备了更衣、洗浴空间，还附设了书房和大型化妆间。套房的卧室、更衣、洗浴三大空间在比例分配上，也与一般豪宅有明显的不同。

主、客用房分离，彰显尊贵性。设计重点是要最大程度地避免相互干扰。二者均有独立的动线和完善的配置。客房连接了会客空间和厨房等，形成了一个与主体脱开的单元，以保证其独立性，并依靠过厅等过渡空间与主体部分相连，创造出平面空间里迂回、进退、转折的丰富变化。

MT. YANGMING IN COURTYARD

阳明山过院来

地点 / 中国台湾阳明山　**面积** / 479m²　**设计师** / 俞佳宏　**设计公司** / 尚艺室内设计有限公司

主要材料 / 意大利白洞石、黑板岩、夜来香大理石、贵州米黄、浪涛沙、台湾桧木、意大利复古砖、胡桃木皮

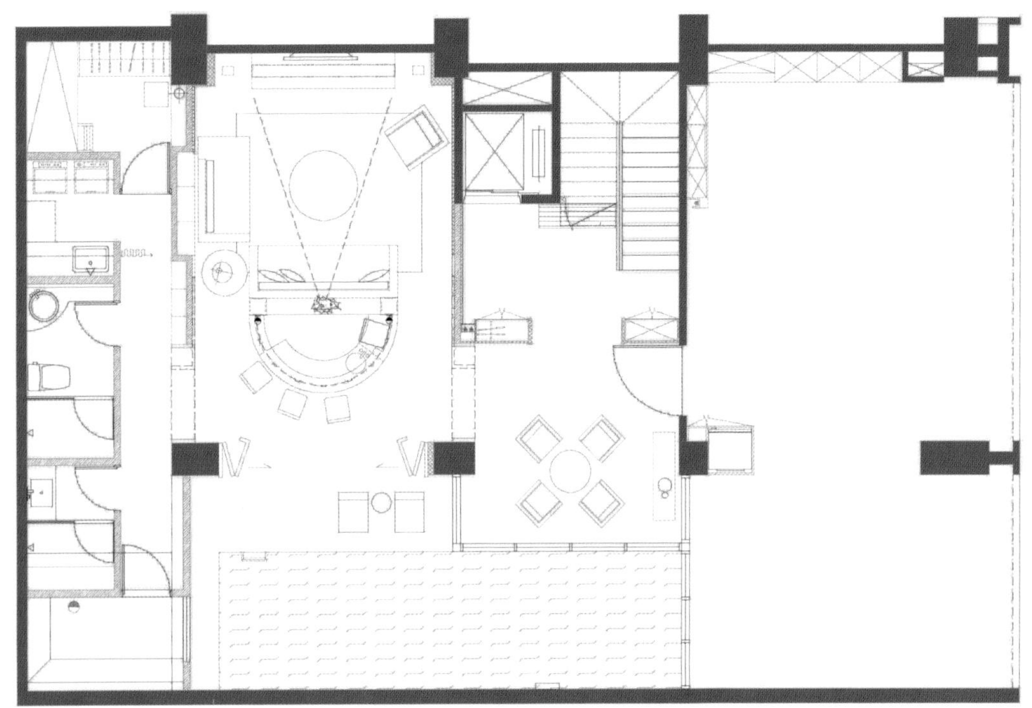

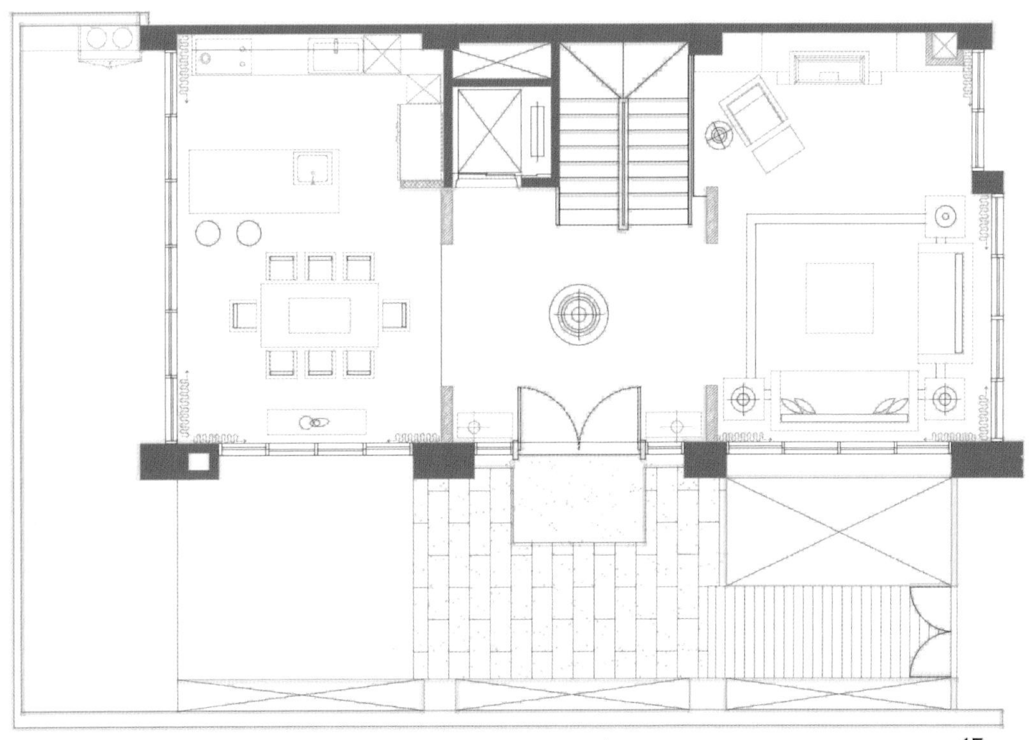

DESIGN

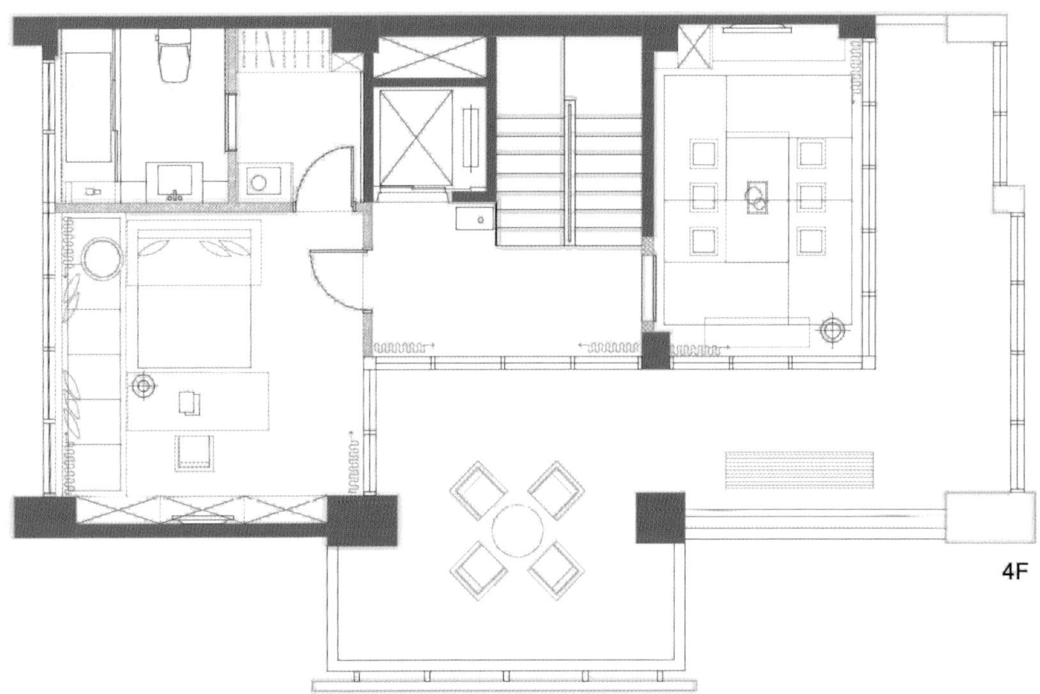
4F

本案以充满现代风格的壁炉为主角，增添温暖的主题氛围，雾面洞石营造出休闲质感，与胡桃木染黑的饰面板墙面一同延伸了垂直立面的向度，加上设计明快的家具，营造出现代感十足的艺术空间。

厨房以深色基调为主，并结合了户外的庭院景观，不仅可以衬托出餐厅的休闲感，还不失稳重大气的感觉。

视听及泳池区域以隐藏式大拉门区隔了空间的使用功能，在需要使用视听功能时可以完整隔断空间，不受干扰。

为呼应度假生活的空间主题，四楼空间内缩，让出赏景露台，客房以和式榻榻米的风格勾勒出轻松写意的氛围，营造出日本传统旅馆般的优闲与古典质感。

洗浴室使用由台湾桧木定制而成的泡汤浴池，带来清新畅快的极致享受。暖色调的桧木搭配冷色调的灰系仿观音石进口砖，倍添协调与舒适的空间氛围。

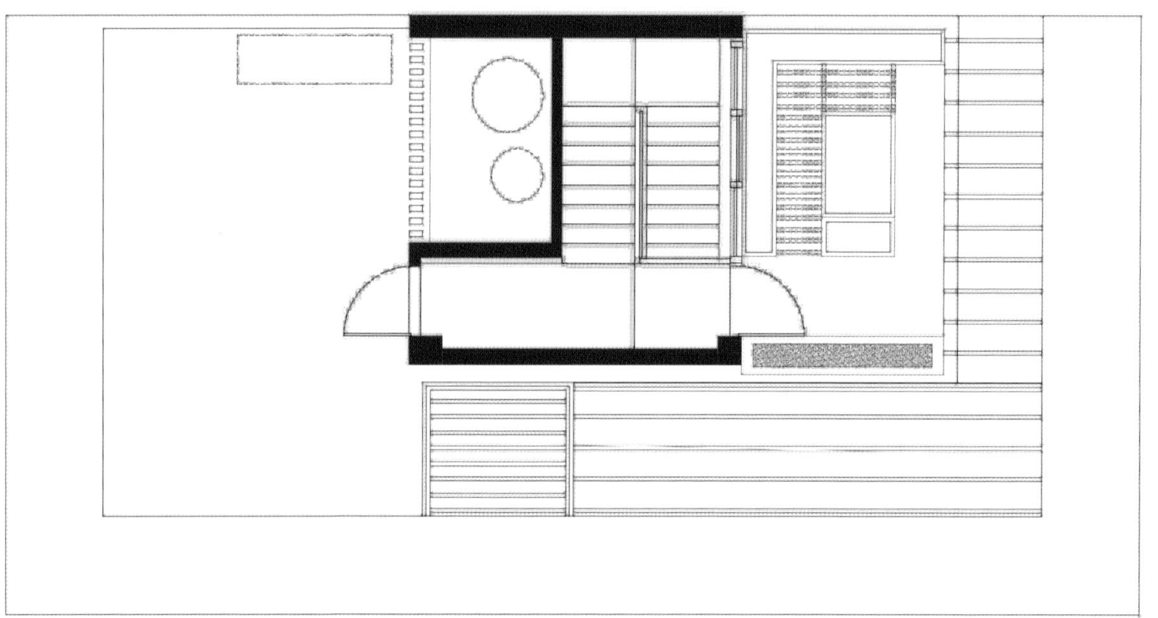

RF

SEMI-MOUNTAIN ARCHITECTURE

半山建筑

地点 / 中国台湾　**面积** / 1200m²　**设计师** / 杨焕生、郭士豪

设计公司 / 杨焕生建筑室内设计事务所

这栋建筑位于八卦山台地，视野辽阔，可以远眺中央山脉，也可以俯瞰猫罗溪溪谷，享受宁静优雅的文化与风土特色。随着台湾地区现代化交通系统与通信网的发展，半山与都市接轨已变得无比方便。这栋半山建筑附近均是大片低矮的茶园，业主希望建筑落成时，在室内也能欣赏到这份景致。

在设计上建筑总长30米，以中心二层建筑量体为主，由重叠、错离及融合等构成方式组成。次要空间水平向延伸，右边是16m x 3.5m长的户外雨庇，左侧是12m长的钢结构车库顶棚，形成了一个水平的长向白色建筑量体。

建筑室内以清水混凝土墙、桧木屏风与室外的孤松形成光影对话。建筑结构简单、清净，但却讲究光影、通风及建筑与地景的微气候效应。

自然流动在建筑中的不只是自然元素，还有人行动线、功能布局、视线角度，以及身体的感触。因此，这一流畅的空间可以改变居住者的心境。

空间是背景，生活是主体，设计利用简化的格局与宽阔动线拉长了空间的距离。同时，为了营造丰富的空间层次，避免空间一眼望尽，设计还特意配置了多道屏风，用以界定空间的虚、实、开、合，进而区分空间的里外属性。

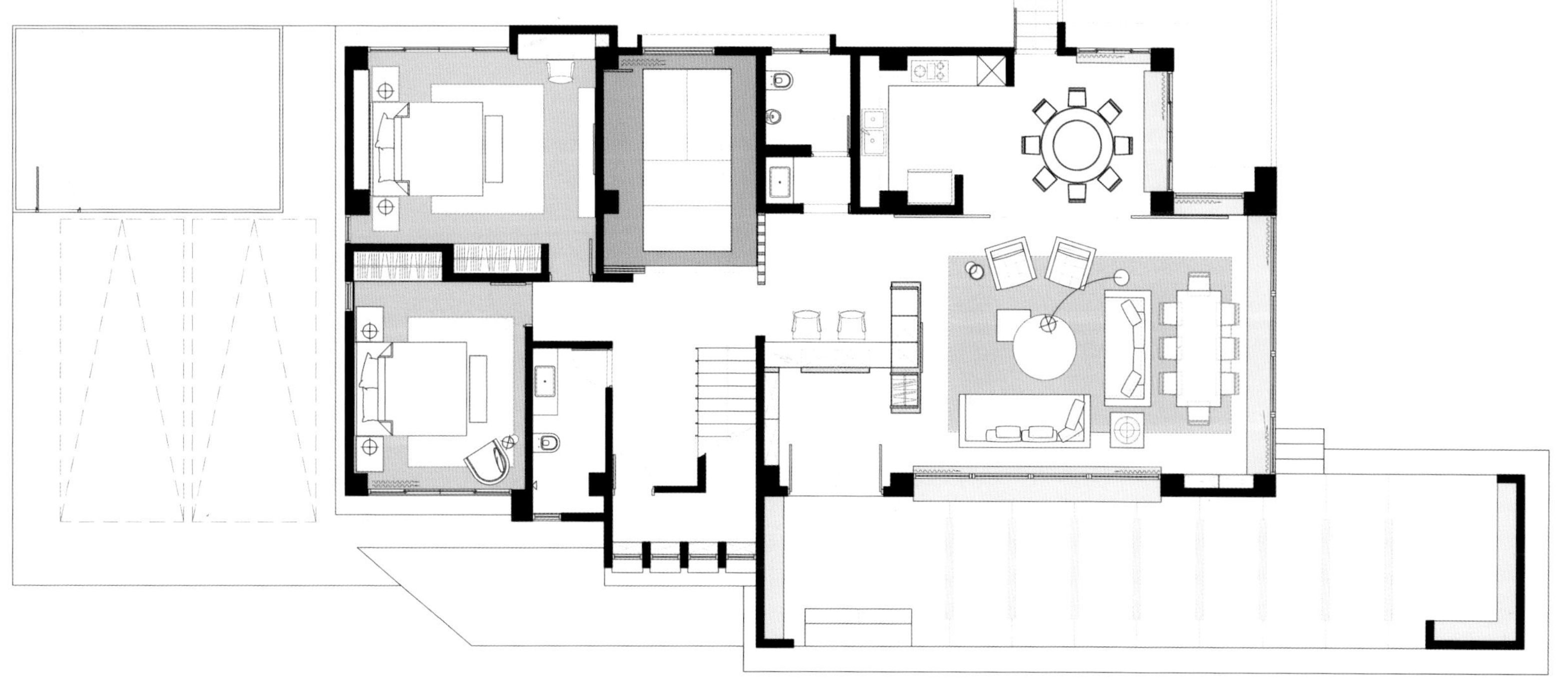

High-end Residential Design Trend In Taiwan

THE POETRY OF LIGHTS

沐光之诗

地 点 / 中国台湾　**面 积** / 168m²　**设计公司** / 杨焕生建筑室内设计事务所　**设计师** / 杨焕生、郭士豪

主要材料 / 木皮、大理石、铁件、茶镜、玻璃

屋主长年旅居国外，极为注重质感。对于本案，除了要求舒适与温暖，还注重各个空间细节的设计。屋主有大量的收藏，因此在空间需求上，除了基础的客厅、餐厅、厨房、书房外，还需要规划出独立的艺术品收藏室。

客厅、餐厅与厨房呈纵向连结，餐厅与客厅采用两进规划，在两区之间设置了两扇半透明旋转门作为分界区隔，门片可以90度开阖，利用不同的穿透角度变化来调整厅区的景深，产生不同功能空间交互延伸的趣味性。大量使用实木拼板及天然纹路大理石等，并佐以灰色调，充足的采光为这些灰色背景刷上细致的层次，室内低彩度的色调巧妙地为空间外的自然景致营造出生动的表情。

复层空间主卧、更衣室、浴室也采用纵向连结的方式。设计规划了一座长近10米的置物柜，用以串联纵向空间；过道结合精品展示柜及文学展示平台，让居住者在空间中游移时可细细品味各件精品收藏及文学收藏，让生活充满浓郁的艺术及时尚气息。

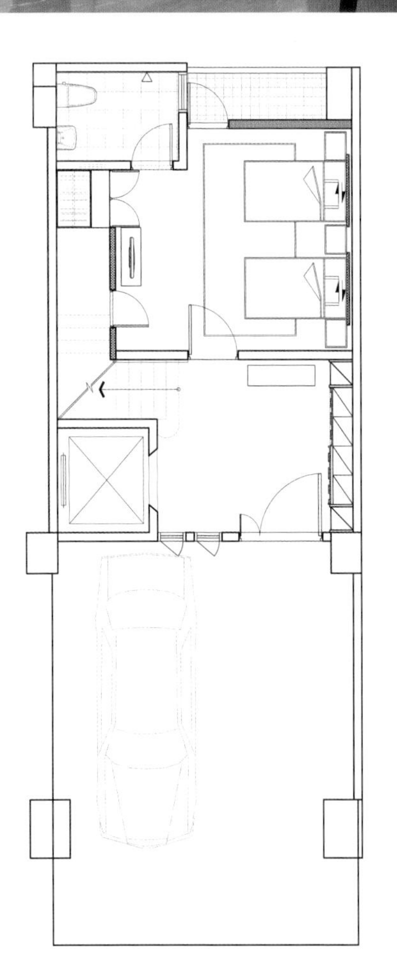

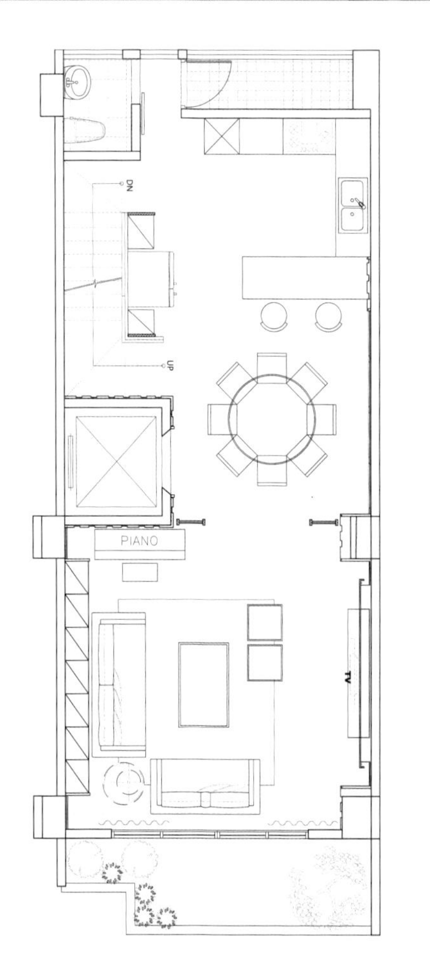
DN
UP
PIANO

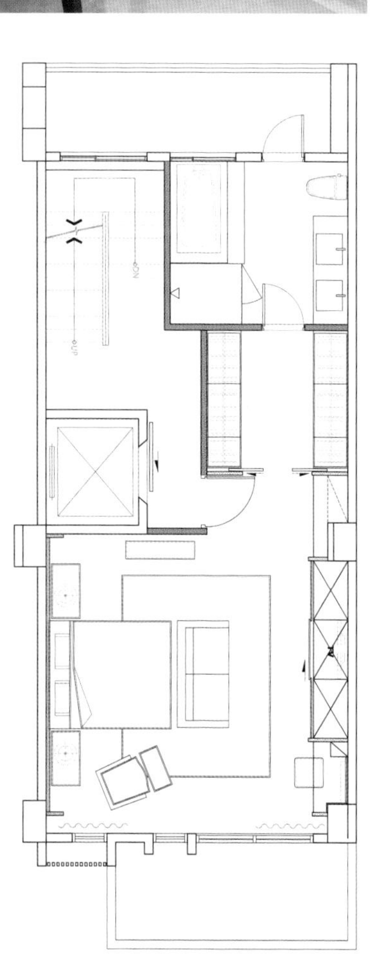

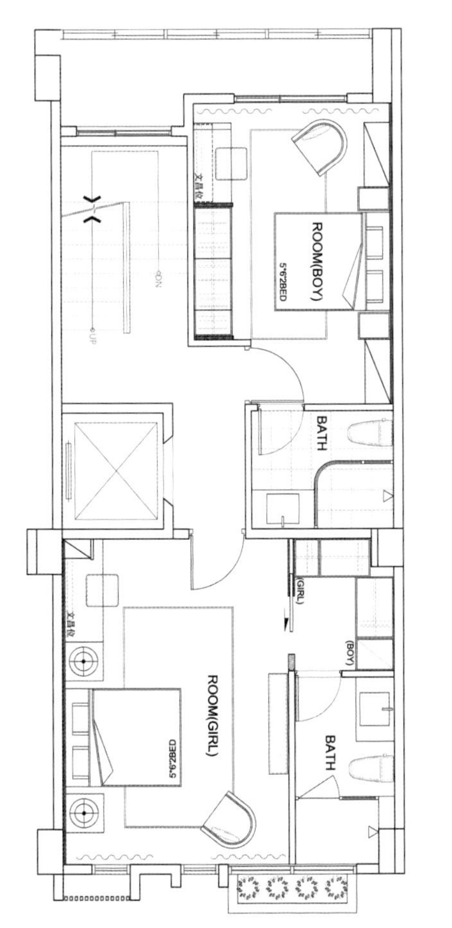
ROOM(BOY)
BATH
ROOM(GIRL)
BATH

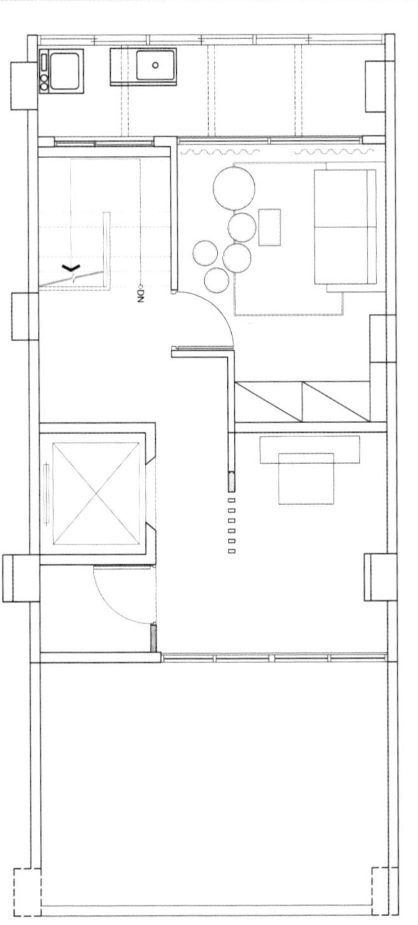
DN

OUT
PIETBOON

HOUSE WITH LEISURE FASHION TREND

时尚潮流休闲住宅

地 点 / 中国台湾　**面 积** / 230m²　**设计公司** / 伊太空间设计事务所

设计师 / 张祥镐

此案坐落于淡水，设计藉由建筑本身的开窗，将淡水河出海口的景色，引入室内环境中。

玄关入口的屏风部分，设计上利用铁件、石材、黑色烤漆玻璃等复合式媒材的搭接与错拼，形成了一个入口的屏障及端景，巧妙地界定了空间内外关系。客厅区域以L形沙发搭配建筑环境面向淡水河出海口的特色，设计上刻意降低了家具的比例高度，让居住成员在空间中活动时，视觉可以无碍地向外延展。沙发墙运用特殊漆料，其粗糙的手感，正好回应了悠闲、质朴的生活情趣。电视墙打破了制式风格，通过独特的纹理，呈现出时尚潮流的生动表情。

整体天花的关系设定上，设计在窗帘盒或是梁位处，运用实木、黑色烤漆玻璃做修饰，结合灯光氛围，给人一种置身于高雅餐厅用餐的感觉。玄关左转是连贯上下楼层的钢骨梯，设计在钢骨梯上方运用了户外碳化木，将休闲的感觉延续到屋顶的细部表情中；下方利用黑色烤漆玻璃的镜射特性，设计出了仿水池式的反射面，藉由上下天地的包覆，结合楼梯结构，并在楼层转换的立面中安排了一个限量的版画，这一切都使楼梯在上下活动的过程中，通过细部与艺术的融合，成为了空间里最重要的垂直元素。

二层楼的空间规划，利用楼层的关系区分出公私空间。串连了上、下层的楼梯，也摒除了传统RC材质的厚实表情，改以钢骨结构，回应时尚潮流下的都会风格。楼上设计了吧台区和视听空间，专属的特色从吧台区的设计中就可见一斑。吧台是为屋主量身定做的，包含灯具，更规划了四道折门，可以使休闲空间完全独立，依据生活、活动需求，自行设定区域范围。三角形屋架的设定以及铁件、烤玻的书柜安排，以及沙发后方复合式媒材的搭接错拼，皆为空间注入了时尚的气息。

主卧在卧眠区旁利用架高台面，设定了一处休憩空间，主墙透过线条立体的错拼表现，回应着颜色鲜明的家具软件，满足了屋主喜爱时尚元素的生活态度。

SEAN
SEAN

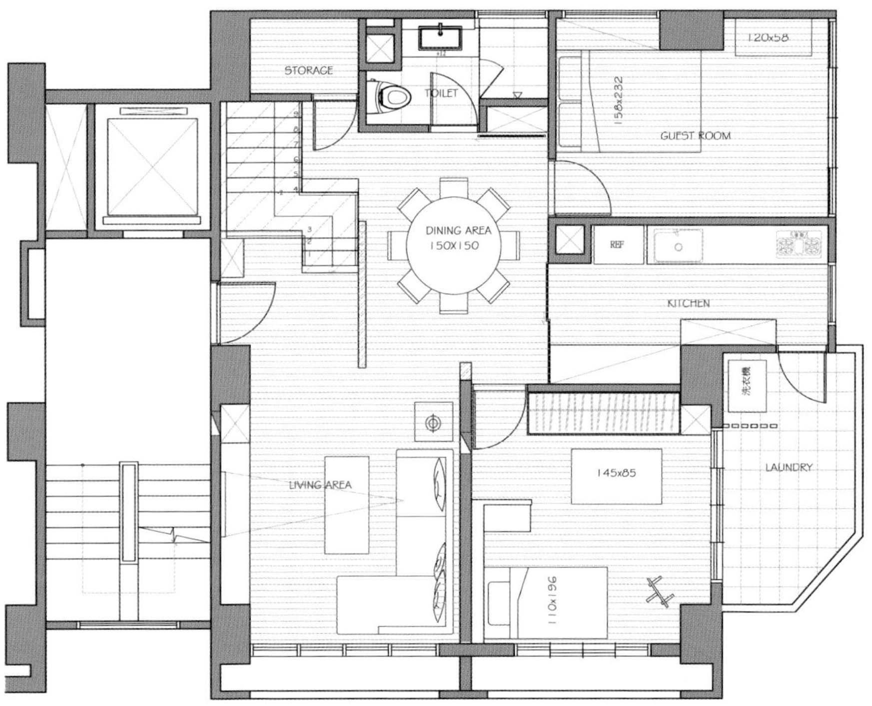
STORAGE
TOILET
120x58
158x232
GUEST ROOM
DINING AREA
150X150
REF
KITCHEN
洗衣機
LAUNDRY
145x85
LIVING AREA
110x196

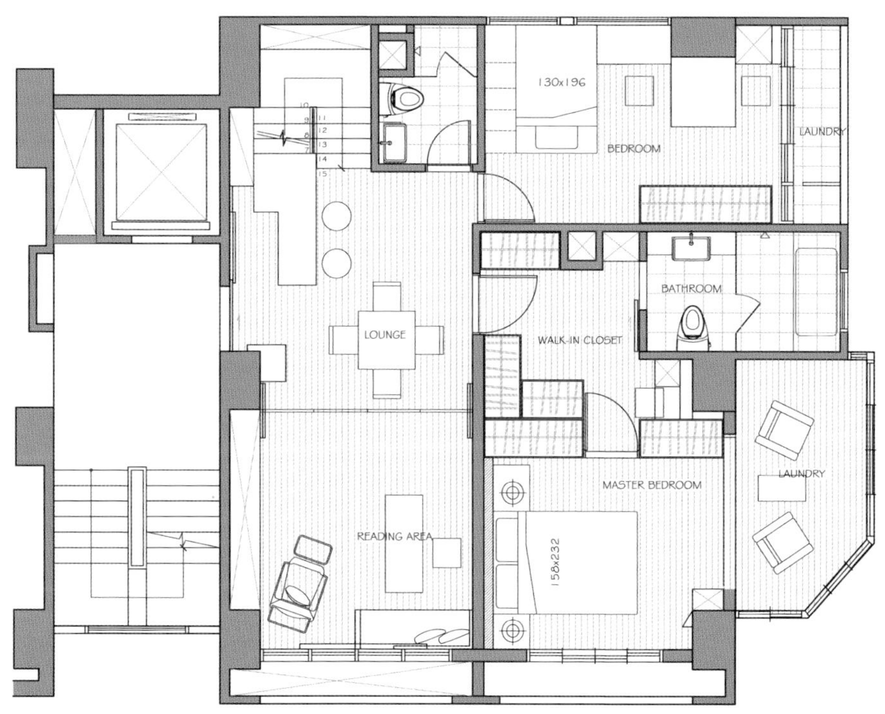
130x196
BEDROOM
LAUNDRY
BATHROOM
LOUNGE
WALK-IN CLOSET
MASTER BEDROOM
LAUNDRY
READING AREA
158x232

CITED SHADOW

引 景

地 点 / 中国台湾新北市汐止区　**面 积** / 148.5m²　**设计公司** / 近境制作设计有限公司

设计师 / 唐忠汉　**设计风格** / 人文自然

主要材料 / 石皮、薄片锈铜砖、茶镜、黑铁、古拉爵石材

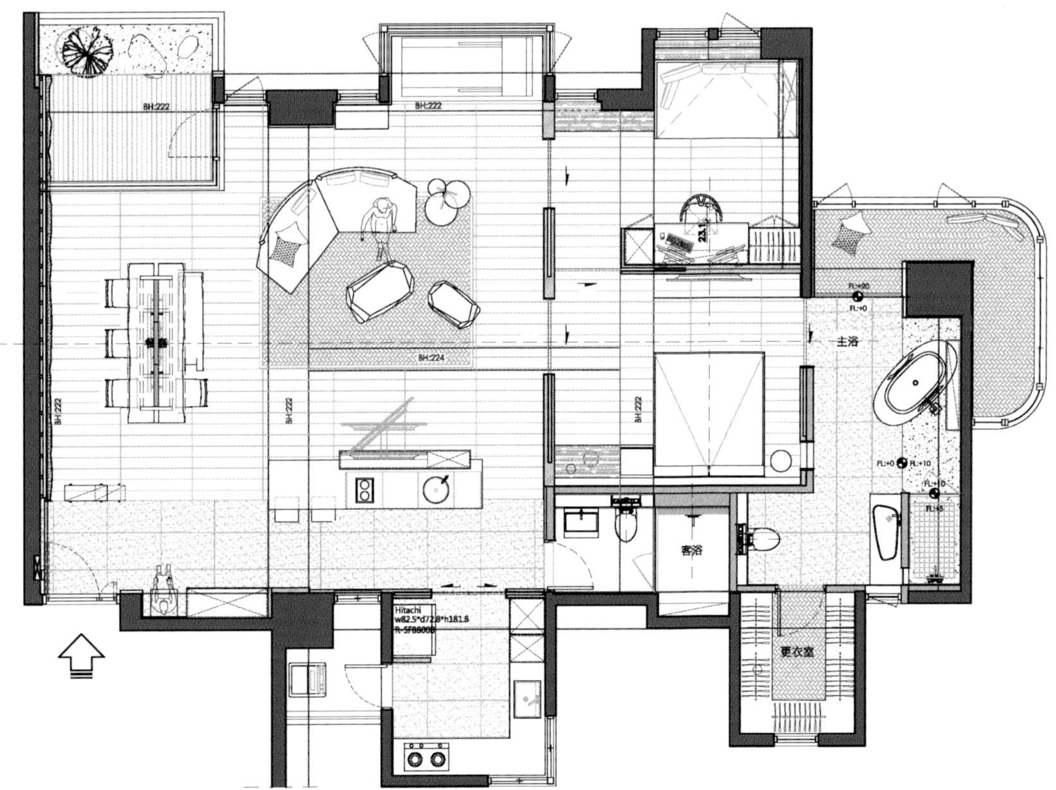

空间的起点是连续延伸的石材墙面，延向视线底端，天光、水影、绿树交相辉映。入口的轴线上，设计移除了冰冷的建筑边界，阳台内推以玻璃透明的特性作为中介材料，弱化了室内外的界线，并配合大面积开窗调整了室内外的比例。室外光线顺势进入室内，户外的光成为了室内的影，户外的境成为了室内的景，空间本身与外在以及内部使用者间的对话也自然自在，引影，让自然与生活完美契合。

应使用者独身的生活模式，设计以开放自由的平面配置为原点，私密范围则以拉门作为界定，横向及纵向的空间依序延展成有近景、中景、远景变化的景深。空间感交错并且相互引进各区域的背景与光线，重新定义及塑造了崭新的生活模式。

石材远看延伸出挑，缕缕缠绕的麻绳灯粗犷中隐含细节；实木长桌上，一抹绿色从刻意安排的裂缝里带出土地气息；电视墙面木皮的纹理历历可见；利落的铁件线条使降低的量体更为立体；另一侧的锈铜薄片则晕染出细腻的笔触。空间两侧实墙各以石为端景，并配置了自由的使用动线。空间各处皆相互交错引景，户外的光造就了室内不同的风景：纵向上，入口、玄关、餐厅、阳台的连续视觉，以及特意安排的材质延伸缓冲了内外关系；横向轴向则由开放转向私密，渐进式地界定出空间范围。

GENERATIVE

衍 生

地 点 / 中国台湾台北市士林区　**面 积** / 383m²　**设计公司** / 近境制作设计有限公司　**设计师** / 唐忠汉

设计风格 / 现代风

主要材料 / 石材、铁件、实木皮、镀钛、木地板、皮革

本案设计三面落地玻璃外墙，采光充足。在此空间优势下，设计利用垂直延伸至天花的深色格栅调和空间，在垂直的节奏中反射日照。立面的进退处理手法，使墙体具备了轻质的线条感与厚实的量体效果。跨尺度的水平桌面，一方面界定了不同空间，同时，金属材质的半反射质感也让纵向格栅的比例在视觉上达到平衡。

上层空间中，两道量体划分出空间的三种使用区块，在公共领域中，量体脱离外墙玻璃帷幕，利用材质延伸视线，创造出光影及空气的流动；私人空间则利用镜面虚化墙面压迫感，并利用镜面反射延伸空间。

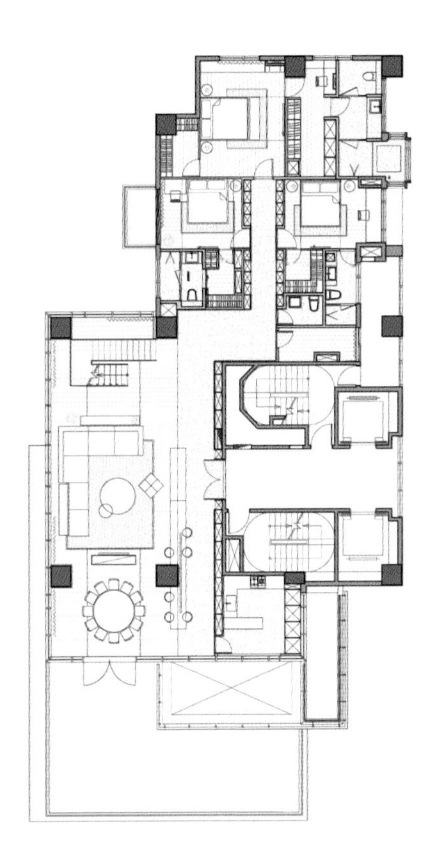

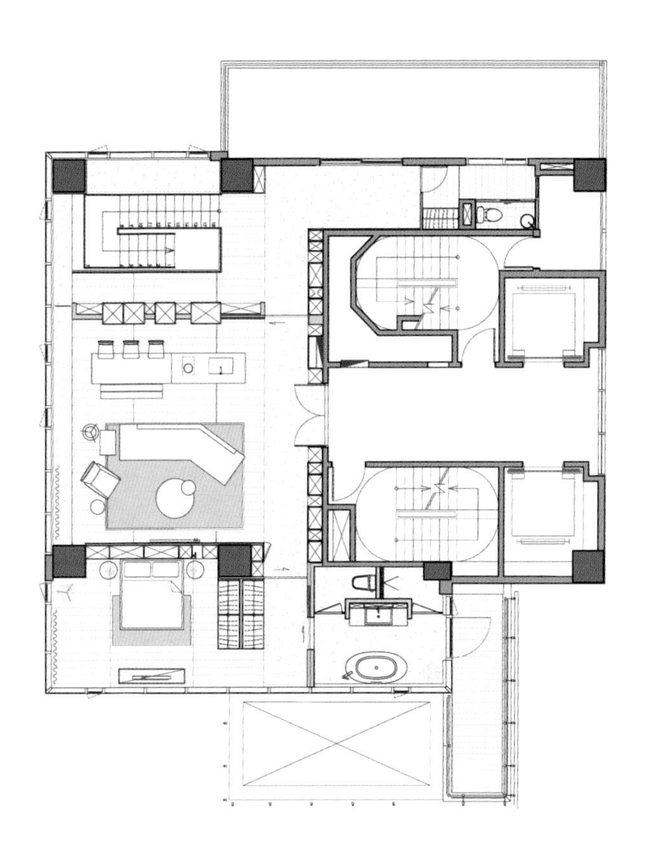

Bath

LEVELING OF SPACE

空间层序

地 点 / 中国台湾新竹市东区　**面 积** / 148.5m²　**设计公司** / 沂境制作设计有限公司　**设计师** / 唐忠汉

设计风格 / 人文现代　**主要材料** / 铁件、洞石、橡木地板　**摄 影** / 游宏祥

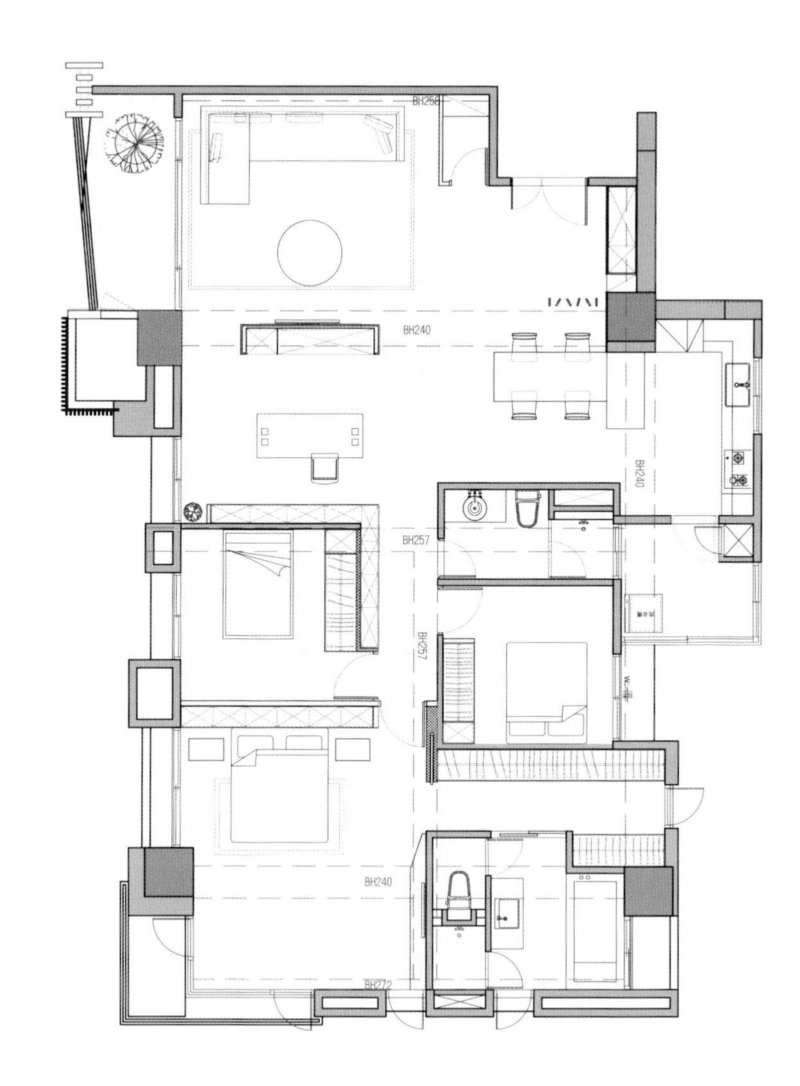

穿透空间，以光润室

电视主墙刻意压低，与结构脱开，创造出室内的环绕动线，让光线无阻碍地渲染空间。

以量体划分区域

以电视墙为主体，用适当尺度，切分公共区域空间，让各空间独立且又互动。

开放公共空间

以电视墙量体，以及不同的地面材质划分出客厅、书房、餐厅三个空间，以无隔间的概念将三个机能不同的空间整合在一起。

材质的延伸与交叠

玄关的黑色墙面在转折后与客厅的白墙交叠，木地板延伸至书房墙面，转折到走道，再以一白色量体与之交叠。

堆积的量体

以堆积的概念，用不同尺度的几何方块集合成量体，以贯穿公共与走道空间。

High-end Residential Design Trend In Taiwan

TOP VILLA – BRAND-NEW SIMPLE AND FASHIONAL STYLE

简约时尚新呼吸 品味豪宅之最

地 点 / 中国台湾台北　**面 积** / 330m²　**设计公司** / 富亿室内设计　**设计师** / 陈锦树

主要材料 / 削光石材、木皮、雕塑品

museums

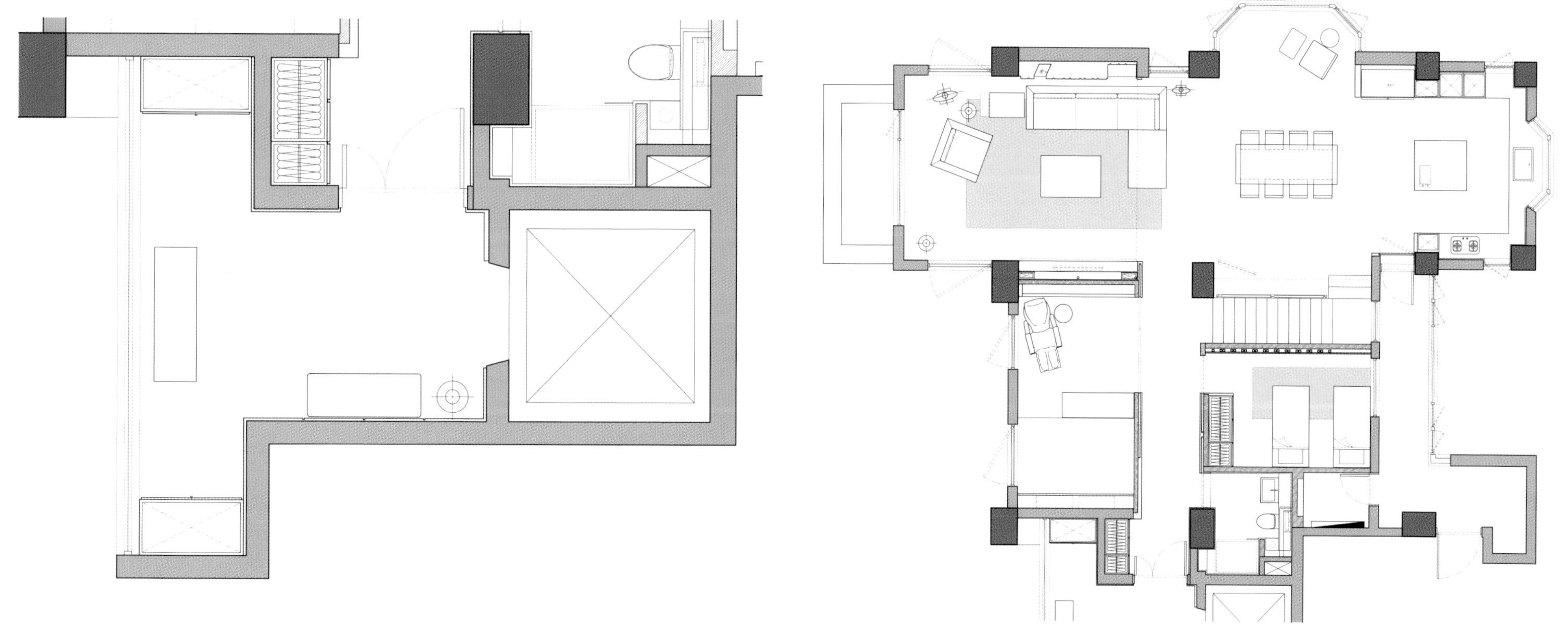

本案是楼中楼的中古屋豪宅，有着绝佳的坐落地点，充足的采光及六米的挑高。

顺着廊道动线进入公共空间，深色的钢刷木纹背墙辅以线条优美的雕塑作品，以大器之姿展现豪宅的艺术气息。六米高的电视墙以削光石材搭配木皮，在棉麻材质窗纱的光线调节中，营造出温润的空间质感。餐厅处的楼梯改以光梯悬空设计，仿佛跃动向上的音符，而楼下端景平台处的雕塑品则是对屋主意义重大的纪念品。巧妙的安排结合穿透式的设计，从楼梯间、主卧及客房三个地方的设计中体现得淋漓尽致。

设计师结合光与艺术品打造出豪宅尺度的人文艺廊。

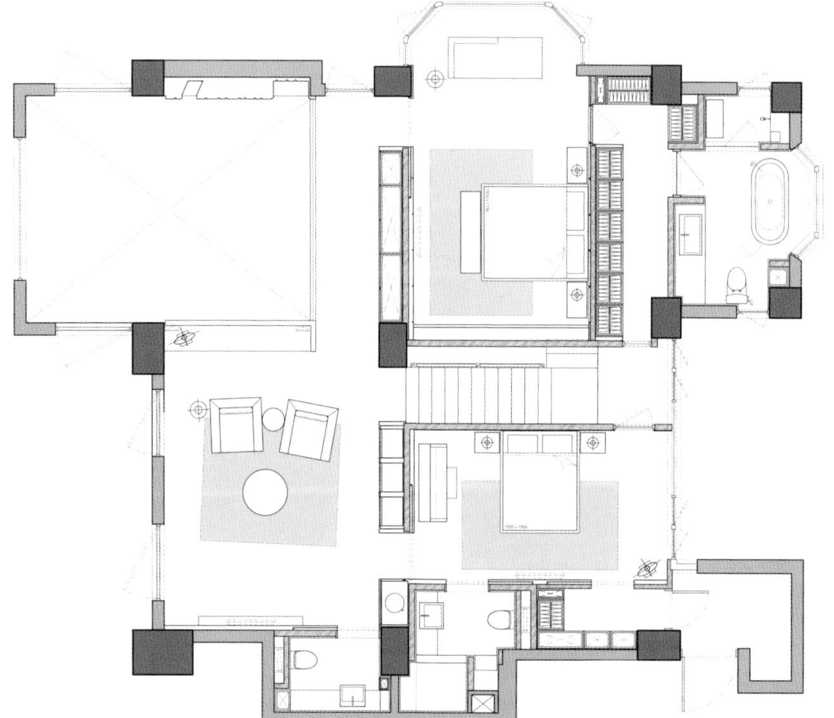

High-end Residential Design Trend In Taiwan

RESERVED NEO-CLASSICAL, LIGHT AND SHADOW SQUARE HOUSE

内敛新古典 明厅暗房方正大宅

地 点 / 台湾新北市板桥区　　面 积 / 348m²　　设计公司 / 富亿室内设计　　设计师 / 陈锦树

主要材料 / 壁布、壁纸、水波纹玻璃、绷布、特殊砖

本案屋主喜欢新古典的雅致唯美，但考虑到家中的两个小孩，设计最终除了以简约手法表现淡雅的新古典韵味外，更注重“明厅暗房”的采光区域分配。

设计重点与特色

顺着玄关进入室内，在行进间即可见到浅色木纹立面上的黑色框架线条，强烈的对比色系框饰出每一个开放空间的独立机能性，而在采光面的客厅，设计则以陈列柜与电视墙打造完整墙面，通过独立的边框造型界定出钢琴区。相对于深色框架的包覆，设计师采用浅色框架避免视觉混乱，也以此手法表现出空间的段落。

位于动线轴心的餐厅离采光区较远，故设计以白色调铺陈提升亮度，并辅以古典吊灯与挂画增添精致感。小孩房与书房对称设计于餐厅左方，备餐柜也完美陈列于厨房门片的两侧，不着痕迹地将新古典精髓融入空间设计中。

房子的前半段是家人活动的主要场所，后半段则是屋主专属的私人休憩区。延续了“明厅暗房”的概念，设计将起居室规划于采光景观区，而着重休憩功能的卧眠区则以丝光布面及拉扣床头墙呈现柔和表情，而两侧的绷布门片后是主卫浴及更衣室，对向的墙面亦以相同的对称手法，以线板线条隐藏通往起居室及另一间更衣室的动线，打造出简约大器的睡眠氛围。

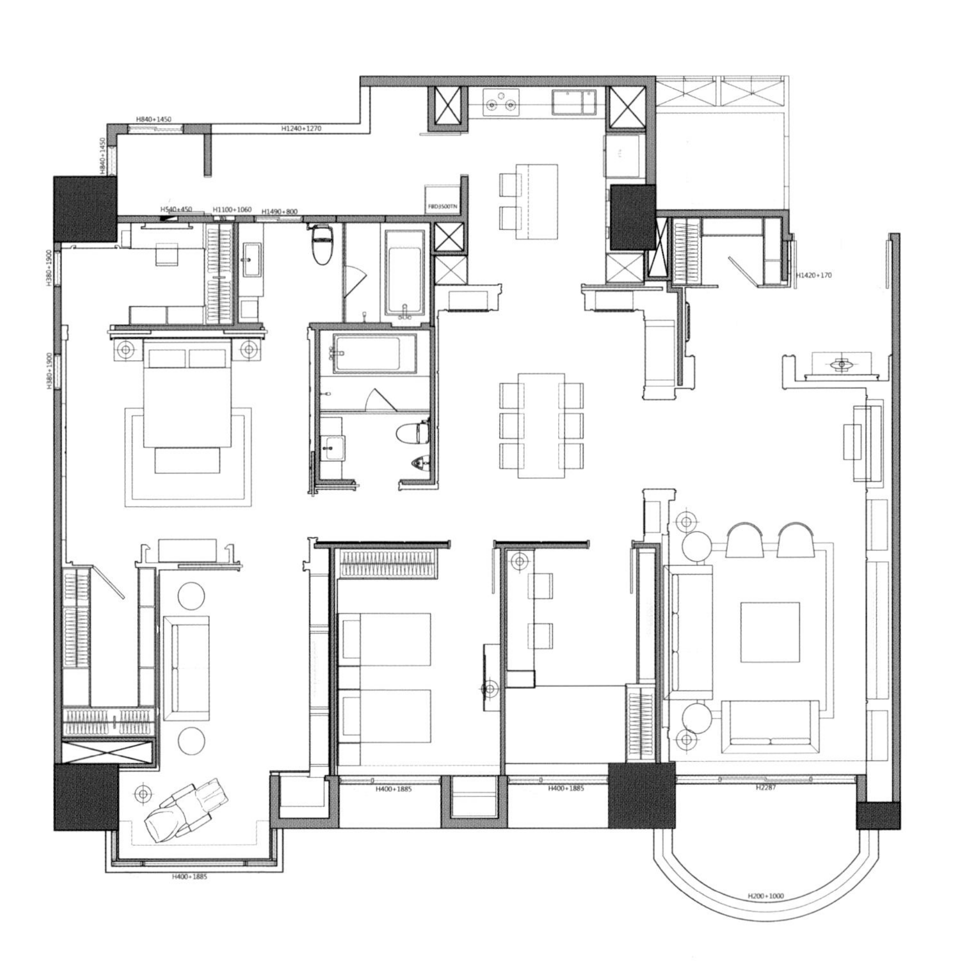
H840+1450
H1240+1270
H840+1450
H540+450
H1100+1060
H1490+800
FBD3500TN
H1420+170
H380+1900
H380+1900
H400+1885
H400+1885
H2287
H400+1885
H200+1000

ITALIAN

High-end Residential Design Trend In Taiwan

RUBIK'S CUBE 65

RUBIK'S CUBE 65

地 点 / 中国台湾　面 积 / 190m²　设计公司 / 杨焕生建筑室内设计事务所　设计师 / 杨焕生、郭士豪

主要材料 / 玻璃、地砖、木地板、乳胶漆

设计不是一成不变的空间的划分，填入机能，套入世俗所定义的风格。空间就像个盒子，设计师必须为它注入彰显空间特性的想法、耐人寻味的记忆点，以及回归自然的元素，才能谱写出一首扣人心弦的空间乐章。

将盒子的概念植入空间，像是儿时转动手中魔方般地扭转平面，最终发现，"65度"是一个能够撞击出更多趣味性，光影层次更加丰富，也是最适合这个空间的倾角。

扭转后产生的叠砌、错位、不规则、彩度差异等，是架构空间与营造氛围的关键。同时，这种美妙的冲突也能让人感受到重塑空间、曲化动线、交织光影与色彩所产生的微妙变化。

敞开大门，视觉透过玄关的区隔柜，顺着曲化的路径来到开放空间，停驻在壁炉的火光上。层叠的空间以实虚量体镶嵌形塑，以“光”为主要元素，自然光线交错，再搭配天花板上的线性纹理，为居住者打造了一个极具视觉张力的简洁的居住空间。

RESTAURANT DESIGN
CLUB DESIGN

COLLECTION
COLLECTION

COLLECTION

RESTAURANT DESIGN
MINIMAL
CONCRETE
COLLECTION

CONCRETE
CONCRETE

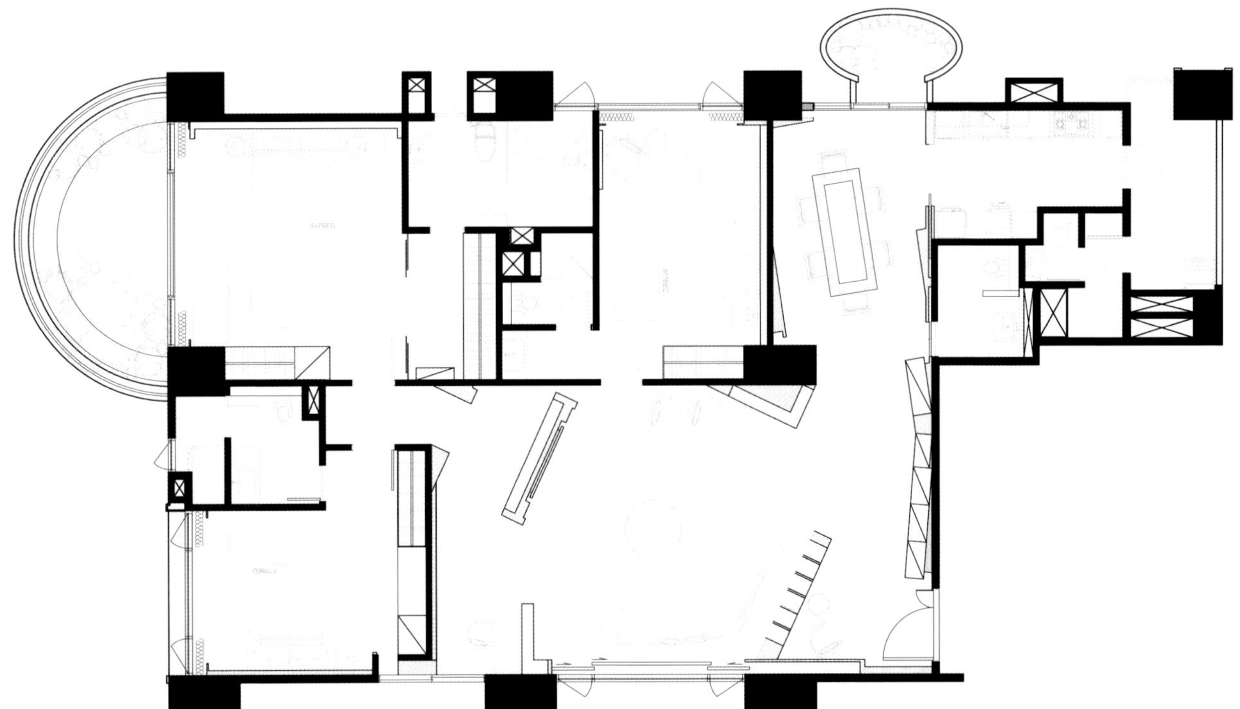

High-end Residential Design Trend In Taiwan

MO FANG
墨 方

地 点 / 中国台湾台北　**面 积** / 251m²　**设计师** / 俞佳宏　**设计公司** / 尚艺室内设计有限公司

主要材料 / 镀钛铁件、泼墨山水大理石、冰晶白玉大理石、意大利锈铜砖、海岛型木地板、夹纱玻璃、长虹玻璃、灰镜、钢刷木皮、绷布

本案设计为一位拥有诗书气息的单身女性，细腻地描绘出了一个如书画笔墨般，蕴含着人文气息的居住空间。设计在格局配置上，强调简洁方正；在颜色氛围上，则着重于静谧与雅致的营造；而整体的视觉观感，则更倾向于空间连贯的对称性。

设计以铁件的沉稳质感，将一块拥有大自然色泽与肌理的石材，围塑成一个比例完美的长方框，壁炉上的大理石，流水般的线条利落地刻画出公共空间的间接性的区隔；而整个空间的焦点，名为“泼墨山水”的大理石，则被置于客厅与书房、客厅与餐厅的中轴线上，沉稳地带出原木温暖的色泽，与拥有大地触感的空心砖墙面相呼应。

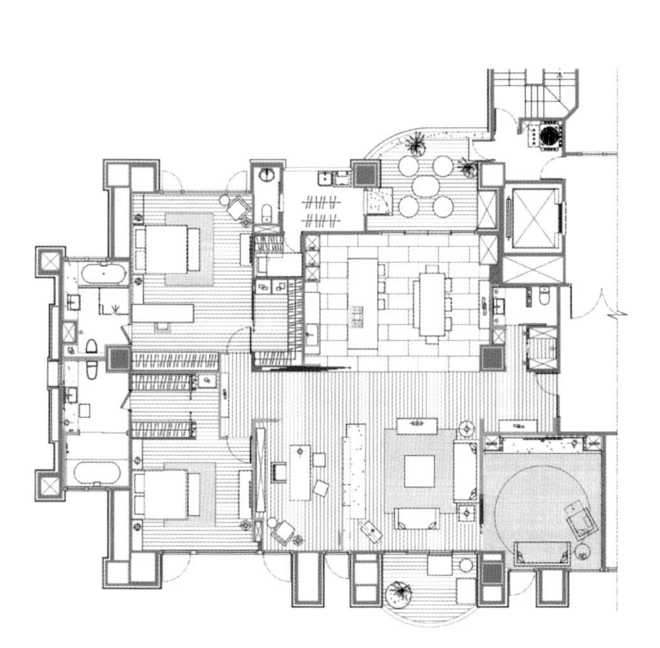

High-end Residential Design Trend In Taiwan

STAY SCENERY

停伫 风景

地 点 / 新竹市北区　**面 积** / 297m²　**设计公司** / 近境制作设计有限公司　**设计师** / 唐忠汉

设计风格 / 现代风　**主要材料** / 石材、铁件、木皮　**摄 影** / 游宏祥

COLLECTION
COLLECTION

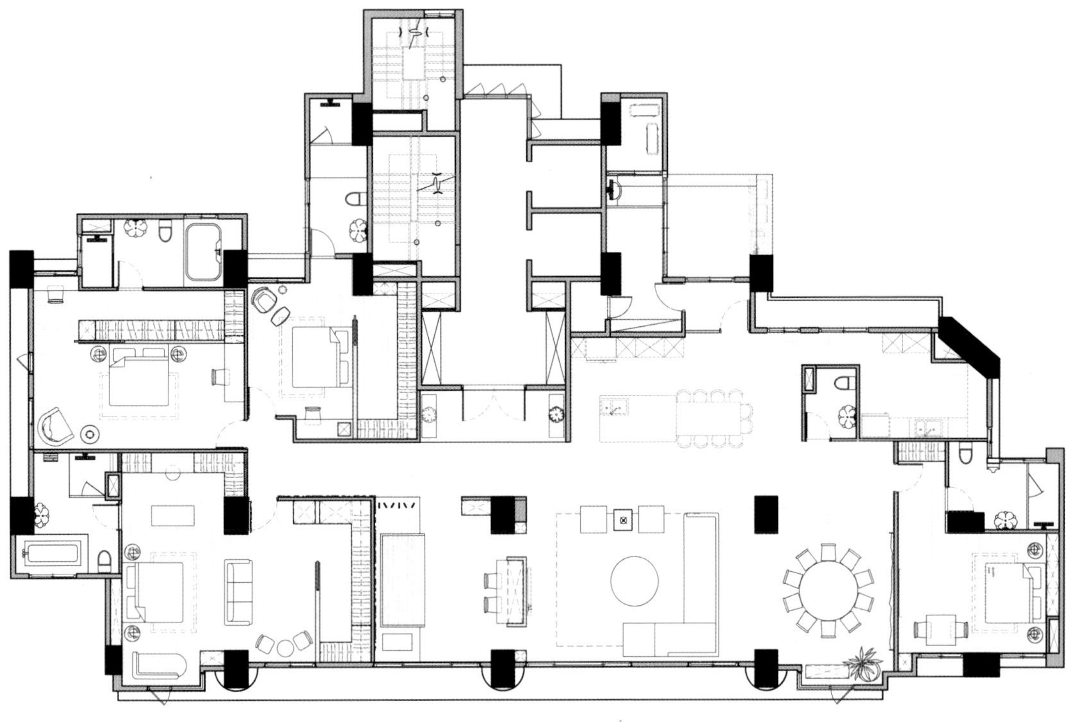

创造压缩的空间，放大视觉的空间

在室内空间创造一个独立的玄关区域，以实墙和隔栅、虚和实的量体，让户外风景与玄关区域的视线保持一段距离。绕过墙面，迎来的是满室的绿意和家的风景。

材质的转换与延伸上，受到窗外树荫的启发，选用支干纹路的石材，用不同的色阶创造层次，由外延伸进室内，创造出内与外的和谐。

两道主墙划分公共区域

大尺度的开放空间，以两道主墙垂直的排列方式决定空间的动线，让动线有绝对的自由且能达到区域划分的目的。通透的空间引入了大量的室外光线，为单面采光的空间创造出光影与空气的流动。

引景入室

餐厅区域以石为底，以木为顶。向窗外借景，创造出宛如内庭的用餐区域。举杯，与大自然对饮！

GENTLE HUMANISM

温 润

地 点 / 中国台湾　　面 积 / 160m²　　设计公司 / 伊太空间设计事务所

设计师 / 张祥镐

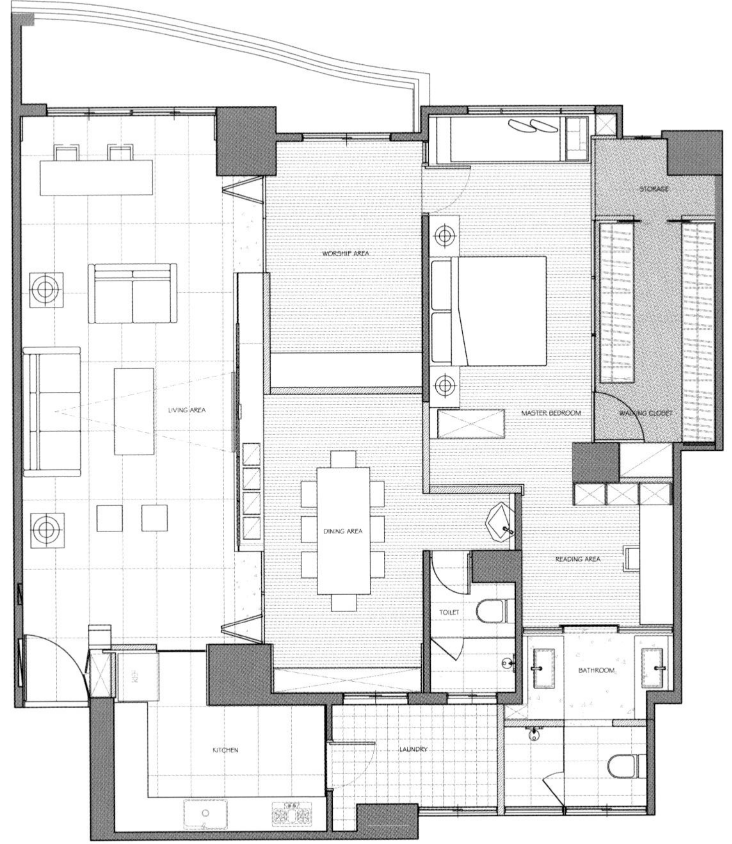

本案将饭店式的装饰引进空间，降低了油漆涂面的比例，运用复合媒材展现温润的住宅空间。

客厅明亮宽敞，电视墙开阔大气，L形拐弯的铁件以铆钉焊接于天花上，悬浮于客厅、餐厅之间，形成轻界定且富含层次的墙面。以铁件为底，拼接了五块大石材，且石材整体偏右，打破平衡感而形成的留白引领了设计感。电视吊挂于石材面上续写了平面层次，成为了客厅的亮点。

以L形铁件电视墙面打造的餐厅，凹处悬挂着细薄铁件框，展示着屋主的私藏，暖灰实木长桌以黑铁收边，天顶垂吊着铁件灯具，背墙的浅木色墙面采用90度拼接，形成错落的纹路，令同样材质的木色呈现隐晦的变化，搭配上略含东方文化意蕴的宣纸艺术，营造出人文品位的用餐空间。

实木搭配黑铁构筑的吧台，皮革桌面呈现出精品质感，打造出惬意自在的饮啜时光。吧台、休闲空间与主卧形成近、中、深三个层次的过道，将视觉延伸至底。休闲空间墙面陈设着书籍以及些许艺术作品，犹如小型的艺文空间；推开偏门，窗前卧榻区设置了茶组及船桨，呈现恬静的氛围。钢刷木头包覆铁件格栅的灯箱更衣间，视觉效果极佳，且将皮革绷于天花板处，车缝线的唯美质感为空间增添了另外一种温润表情，精品柜背后的反射镜面营造出虚实交汇的卧榻区美景，继续向前则是化妆间与主卫浴空间，动线和机能皆极为完整的私人领域便自然形成。

全室以沉淀的暗色调铺叙，设计师认为住宅不应存在过多冷色调与材质，而纯粹偏黄的暖色调又会使空间显得陈旧。因此，本案运用无彩度的灰、黑提升整体精神，提升空间骨感，构筑出一个温润而宁静的生活空间。

Arletta
CENTURY
The Most Excellent
THE CATCHER IN THE RYE
HOME
MARILYN MONROE

CENTURY
Arletta

High-end Residential Design Trend In Taiwan

THE LIFE BANQUET–MR CHEN'S VILLA

丽宝国际馆陈公馆

面 积 / 264m² **设计公司** / 春雨时尚空间设计 **设计师** / 周建志 **设计风格** / 现代简约

主要材料 / 木皮、亮面不锈钢条、绷皮、线板、喷漆、清玻璃

本案中，设计师在彻底掌握房型结构的基础上，通过开放式的格局规划，创造出了宽敞明亮的公共空间，并巧妙地利用中岛吧台和玻璃隔间，让机能运用更加灵活多变。

本案是狭长房型，所以公共空间的整合格外重要。有别于一般常见的客厅主视觉设计，为求充分发挥格局优势，沙发墙以大片落地窗的形式呈现，引进最纯粹的自然温度，同时将空间重心移向侧墙，展现优雅细致的独特品位。

设计重点：

1. 公共空间整合于房型中心，轻松破解了狭长房型的空间局限；
2. 拆除原本的厨房隔间，创造出更完整丰富的超大厨房空间；
3. 利用层次感丰富的造型线板和银色喷漆，点缀出低调细腻的奢华感；
4. 餐厅和客厅选用同色系的木质纹理，让整体风格更具一致性；
5. 巧妙运用深浅柜体搭配各式收纳机能，充分利用狭长型更衣室的每一寸空间。

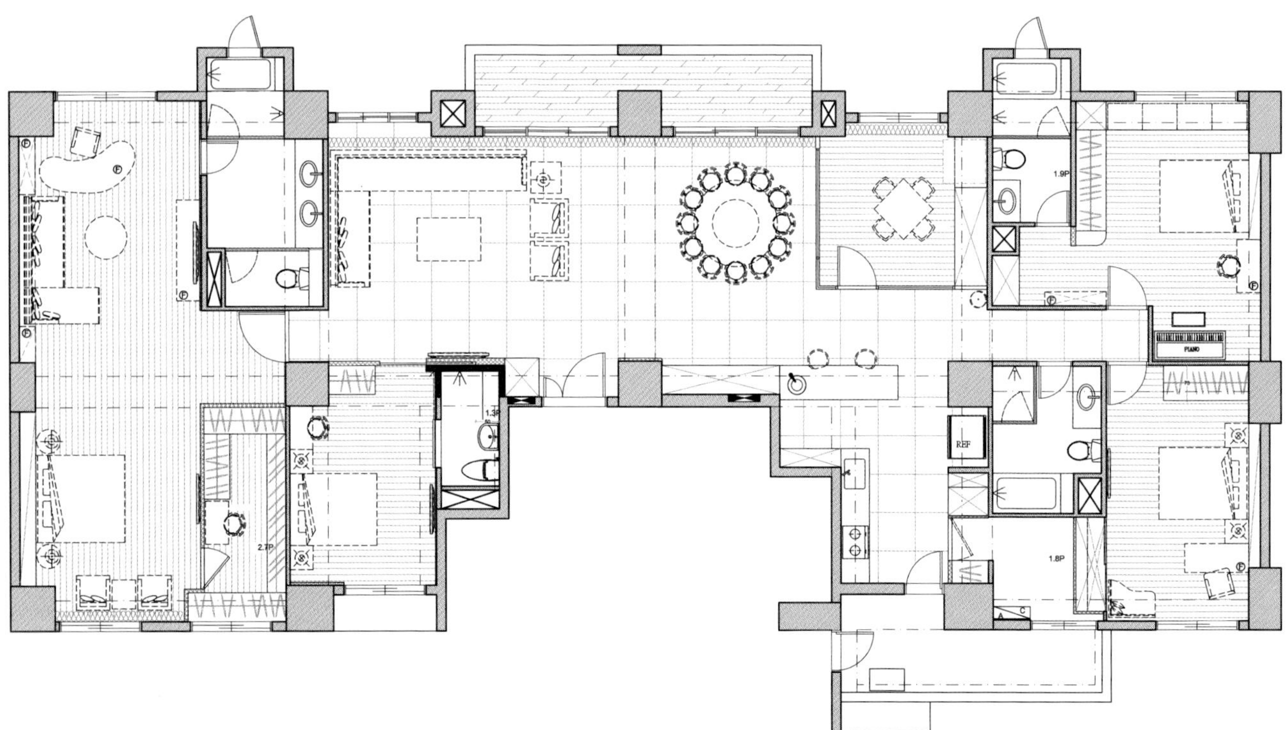

MR LI'S RESIDENCE IN ORIENTAL CRYSTAL

东方晶典李公馆

地 点 / 中国台湾台北市　**面 积** / 99m²　**设计公司** / 春雨时尚空间设计　**设计师** / 周建志

设计风格 / 现代风格　**主要材料** / 木作、大理石、灰镜、皮革

为了让空间内外有别，同时在开放的长轴空间里，置入有秩序的机能层次，设计在玄关处打造了一座端景即收纳柜，满足了大容量的收纳需求，搭配内嵌的黑色台面与下投射灯光，成为了进门处的焦点；而门后修饰电表箱的镜墙则向天花板继续延伸，大量使用的灰镜勾缝拼贴手法，也让内敛摩登的特点，继续体现在天花板的层次中，这样的设计手法除了可以系统地安置空调路径与人工光源，为室内增添缤纷、细腻的光与影外，还能扩张此案的景深与面宽。

客厅的电视墙由大理石打造而成，墙体偏右的刻沟线条起到了画龙点睛的作用，加上刻意前拉将收纳隐于后方的思考，赋予了主墙面大器而精致的视觉美感，下方低台与内缩的视听格融为一体，将设备、相关管线的干扰降至最低，主墙左侧衔接一个别致的倒L形收纳柜，能够起到储物，艺术品、花艺展示与丰富墙面层次变化等多重作用。客厅沙发背墙在犹如叠砖的线条分割下，同样拥有巧妙的收纳设计，直角处以弧线收圆，放大了廊道面积。

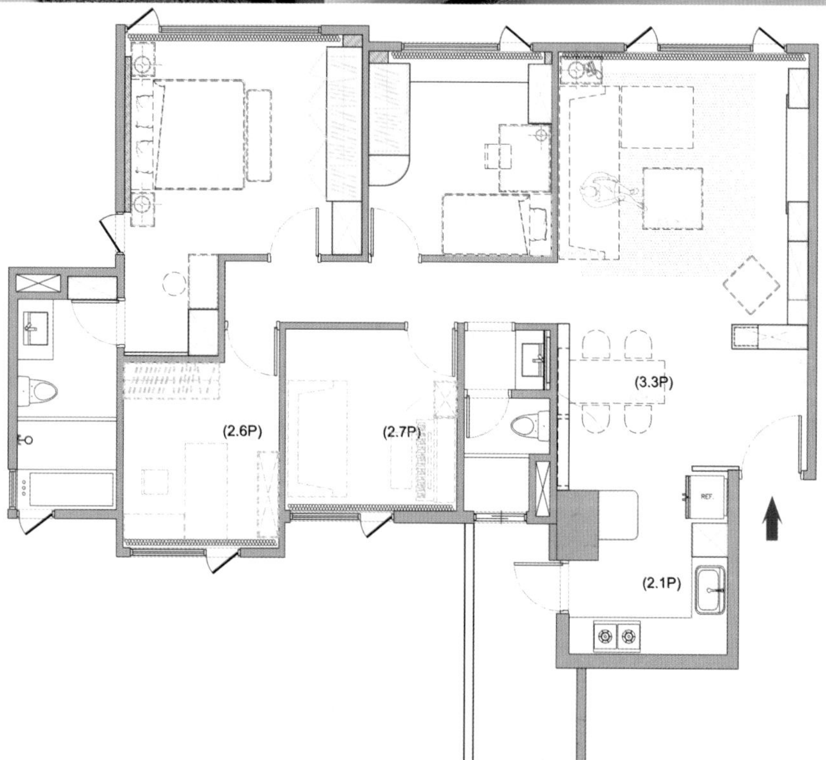

(2.6P)
(2.7P)
(3.3P)
(2.1P)

MR LI'S RESIDENCE IN JIASHANLIN

甲山林黎公馆

地 点 / 中国台湾新北市汐止　**面 积** / 198m²　**设计师** / 春雨时尚空间设计

设计师 / 周建志　**设计风格** / 现代风格

主要材料 / 镜面、石材、木作、系统

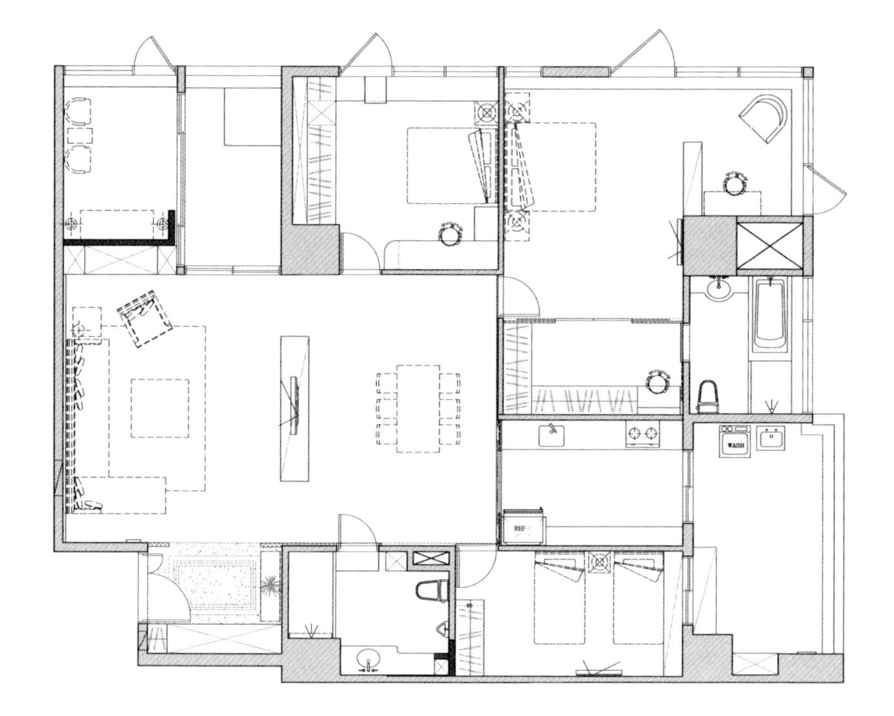

本案为小屋换大屋项目，在原建筑格局的基础上，设计师合并了两间客卫，以小便斗及无障碍设备呈现大尺度的空间面貌。客厅公共区域则顺应屋主的需求，将原书房动线封闭替换以展示柜体，并通过安装光源营造客厅明亮的氛围。

宽敞的主卧由矮柜划分出睡眠区与阅读区，梁体部分以斜角修饰避免了压迫感。此外，粉白色系的女孩房，衣柜拥有大桶深空间，透过层板与吊杆的运用，使空间前后分明，扩展了空间体量。

Comfortable
PHOTO ALBUM

SUSPENSION – CONFLICT TALK BETWEEN FORM AND CONTENT

悬浮之界形与质的冲突对话

地 点 / 中国台湾台北市　**面 积** / 室内228m²，露台33m²　**设计公司** / 界阳&大司室内设计

设计师 / 马健凯　**设计风格** / 现代风格

主要材料 / 铁件、镀钛不锈钢(抗指纹处理)、人造石、文化石、玻璃镜面、进口磁砖、艺术线板

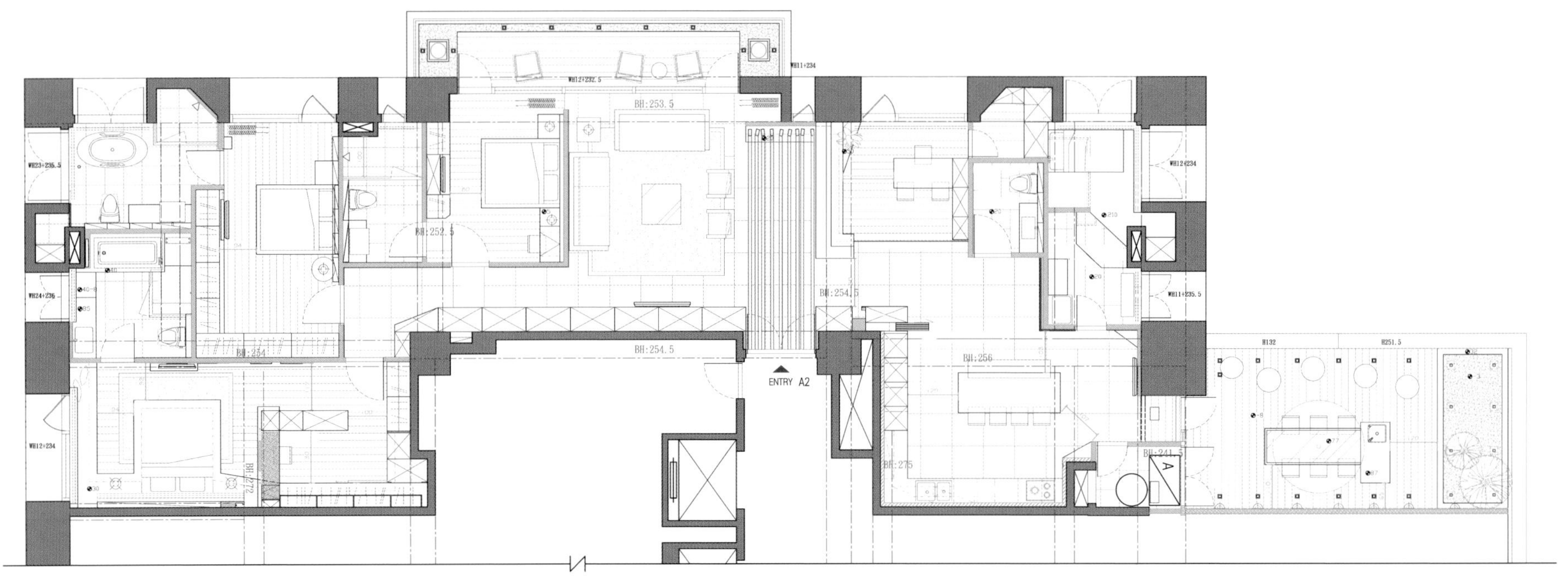
ENTRY A2

进入室内，阳光充足，成片的绿意映入眼底。开门即可看到由悬浮铁件线条构成的景观，铁件线条以细小的视觉差别和艺术线板相互交叠，形成一道亮眼的景观，突破立面伸展至天际。由窄渐宽的线条扭转出雕塑的工艺感，于律动中创造出充满戏剧张力的画面。半高的玻璃构件划分了不同的空间，底部的人造石平台无缝串接到架高的书房，无形中拓宽了视野；而仿佛从发光体中穿透而出的铁件，其极致轻薄的形与质，则与玻璃形成了一种强烈的对比，于层层光线中延伸冲突对话，演绎出独特的结构美感。

设计细节：

全景（自然光、室内光）

8mm极致轻薄的铁件，从玻璃中穿透而出，凸显冲突概念下的“形”与“质”，展现出独特的结构美感。

通透开放的各空间领域间，以半高的发光量体作为区隔，悬空的人造石平台，从端景延伸至架高书房，一体成形，无缝衔接，于无形中拓宽了视野。

无价之景

室内景观与窗外的天光和树梢连成一片，除了体现室内设计的品位与极致享受外，更体现出无价美景。左侧墙面以舒然板镶嵌明镜，削减了镜面本身的厚度，营造出镜面不锈钢的质感。

入口端景

格栅元素由立面发展到天际，由窄渐宽的线条又融入扭转角度，宛若一件雕塑工艺品，在线条的律动中，创造了充满戏剧张力的画面。

悬浮概念与灯光

室内多处设计都体现了悬浮设计手法，与自然光和室内光氛相协调，烘托出两种氛围。尤其在玻璃灯箱开启后，层层延展开来的灯光，让人无法忽视其存在。

电视墙

电视设备底部使用镀钛不锈钢，其特殊抗指纹处理方法更便于日常维护。表面凹凸立体线条的艺术线板，使用隐式概念，内部暗藏了大量的收纳机能，同时还呼应了悬浮主轴，斜向延伸出轻巧的灯光氛围。

悬浮格栅

开门即景的悬浮铁件线条，凭借视觉上微小的差距和艺术线板的交叠处理成为玄关一景，其背后完全镂空的设计，又打造出另一种结构上的美感。细看之下，藏以灯具的洗墙光晕，不但让悬空效果更明显，还衬托出了入口的空间氛围。

餐厅

考虑到视觉穿透性，设计以无背长椅延展了视线；而毛丝面不锈钢的墙面材质，则与厨房电器有了质感呼应，充分展演了现代化厨房的利落时尚。

精品展示柜

以轻薄铁件无规则切割而成的展示橱窗，其错落的开放式设计，不但创造了视觉趣味，还有双面开向的功能考量；一件又一件置于其中的皮件，在其精致的设计细节与氛围烘托下，愈显名贵价值。

主卧室

从更衣室延伸出的平台，一直延伸到床头柜、床座主体及窗台处，而导有R角的设计元素，也避免了上下床铺时的碰撞受伤。

卫浴

极具个性的黑色系卫浴，利用角窗规划了独立浴缸，应用了自然光与美丽的树梢风景，打造出居家生活的至上享受。

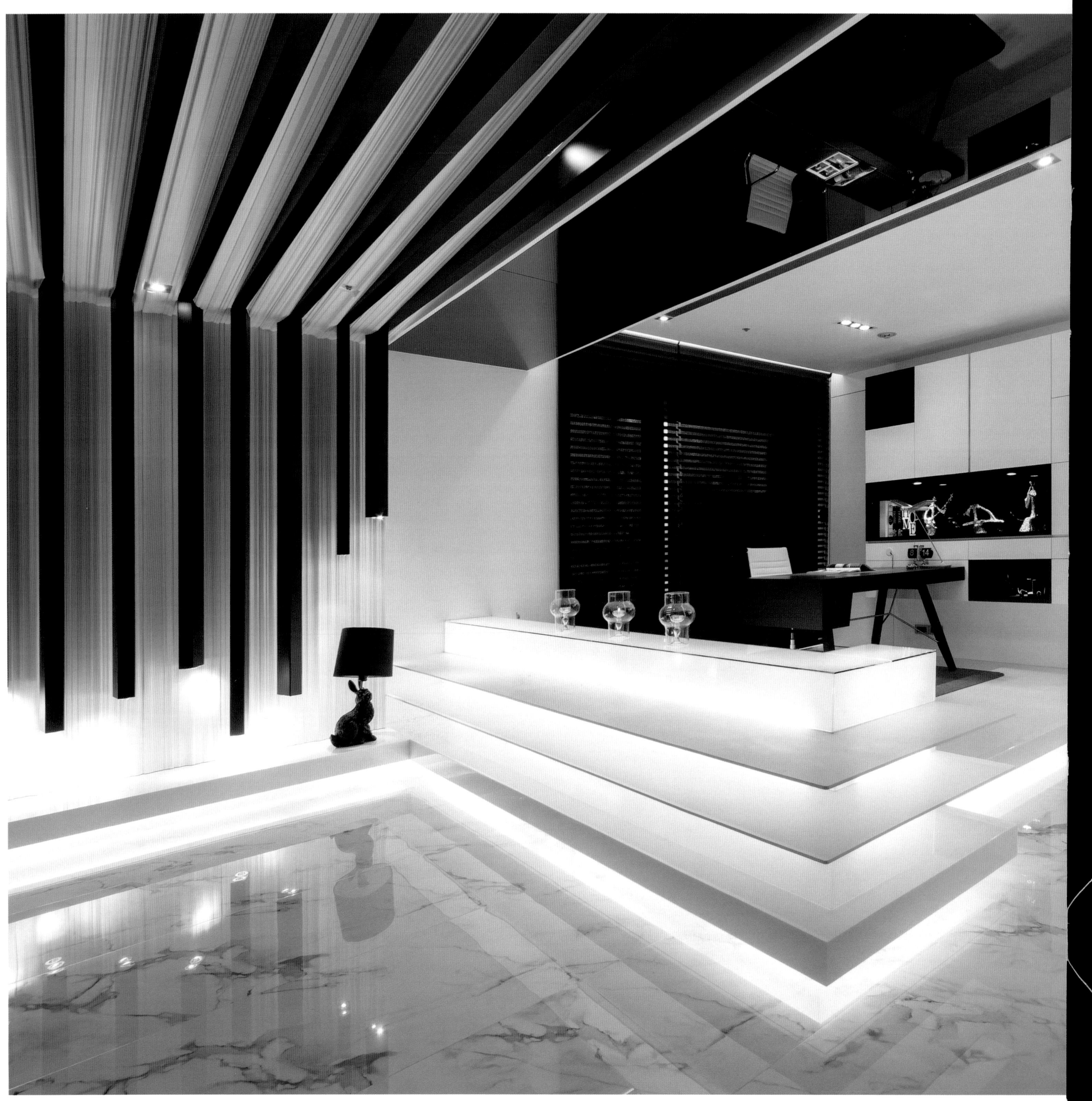

MR ZHENG'S RESIDENCE IN TAICHUNG

台中郑公馆

地点 / 中国台湾台中市西屯区 **面积** / 330㎡ **设计公司** / 共禾筑研设计有限公司 **设计师** / 陈煜棠

设计风格 / 现代风 **主要材料** / 木皮、石材、玻璃、木饰板、镀钛板、皮革布、家饰布

入口玄关以地面材质的变化作为区隔，以铁件与烤漆为主的玄关，连接隐藏在门扇后的储藏室，提供了丰富的收纳空间，特殊造型的石材屏风也增添了空间的设计感。

客厅主墙以白色大理石为主，搭配由玄关延伸的崁入式铁件与木作层板，利用结构柱间的空间设立音响柜，将众多音响器材隐于柜内，为客厅营造出清爽且亮丽的质感，为屋主打造出舒适且迷人的生活居所。

客厅旁的餐厅区，以木皮天花板作为空间的区隔，搭配简洁的餐具柜，提供了充足的展示空间。餐厅边架高木地板连接至小孩房，以拉门作为区隔，增添了空间的活泼性。餐厅与客厅间的结构柱以大理石包柱呈现，搭配雾面抛光的镀钛板延伸至天花与吧台区，高质感的材质，有趣的设计更增添了空间的特殊性。吧台与走道间的壁面采用自然纹路的木饰板，与餐厅的天花板元素相呼应。吧台区电视墙由餐厅以斜角度引入，以沟缝线条隐藏置物柜，搭配左侧磁性白板与铁作展示柜，一气呵成地完美营造出清爽的空间氛围。

厨房以电动拉门作为区隔，不仅方便使用者进出，还阻隔了厨房油烟；玻璃夹纱的材质为吧台区引入了充足的光线，也能适当地保证视觉的隐蔽性。

女孩房以漂亮分割的柜体提供储藏空间，简单清爽的床头设计延伸到书桌区，空间内规划了女孩的更衣室及个人专用卫浴。男孩房以架高的木地板满足男孩爬上爬下的活动需求，活泼的壁纸亦营造出男孩房朝气蓬勃的氛围。

主卧室以镀钛板与皮革裱布营造出沉稳的床头墙面，大理石电视墙后规划了书桌区，并提供了丰富的收纳空间。更衣室的入口门扇隐藏在比例分割完美的墙面后，丰富的衣物空间连接至宽阔的主卧浴室，营造出舒适的私人空间。

CENTURY

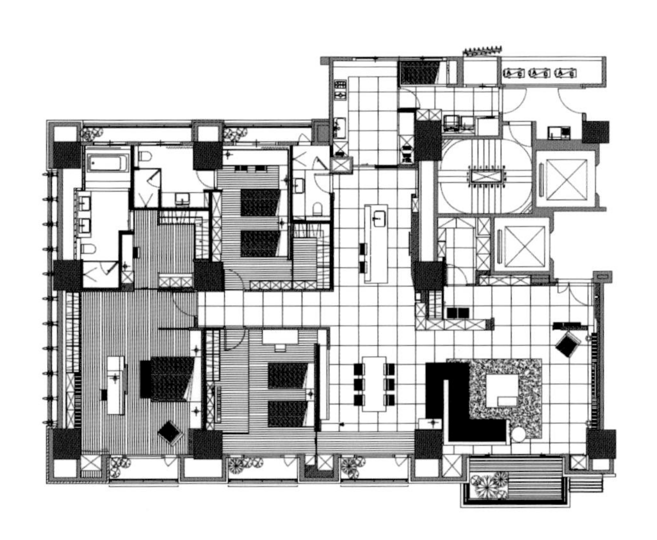

CENTURY
SCDA Architects II
CONTEMPORARY LIVING IN ASIA

CENTURY

DESIGN HOTELS
YEAR BOOK09

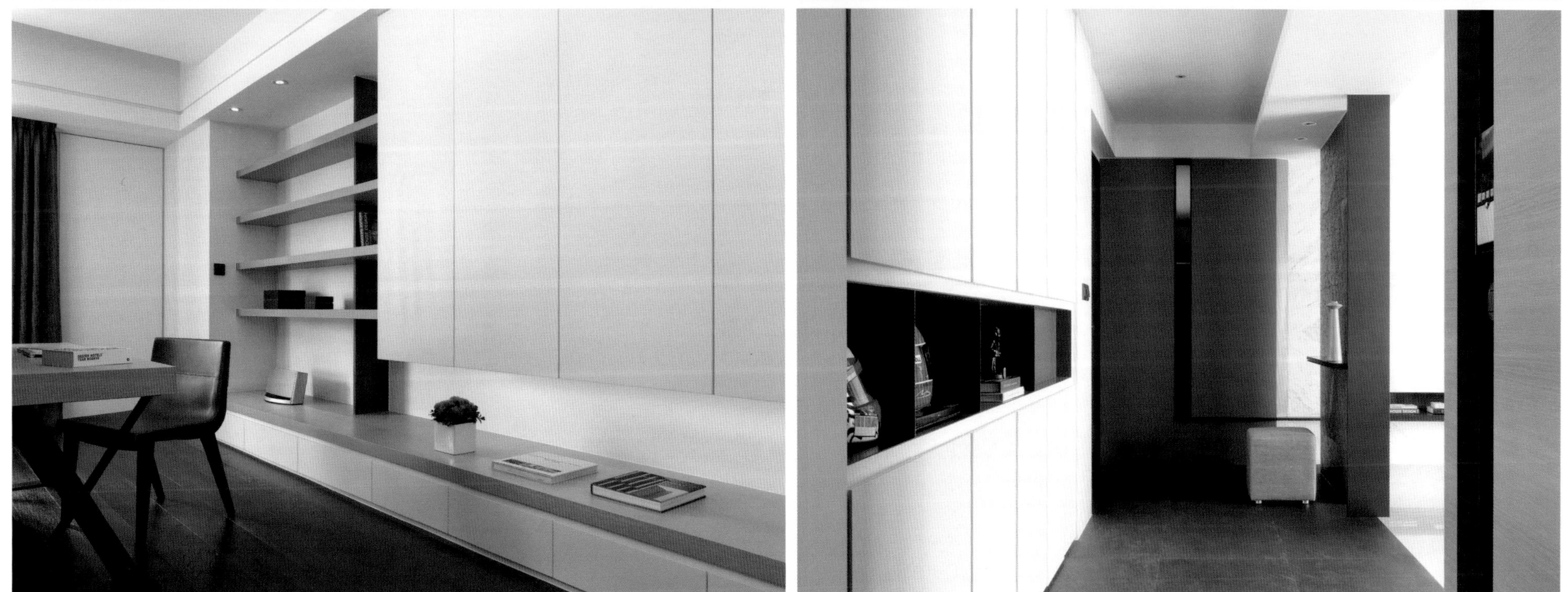

SE DESIGN

HOUSE DESIGN
75
The Book Thief
MARKUS ZUSAK

SHILIN DESIGN OF MR LIN'S RESIDENCE

士林洪邸设计案

地 点 / 中国台湾台北士林　**面 积** / 152m²　**设计公司** / 隐巷设计顾问有限公司

主创设计 / 黄士华、孟羿　**参与设计** / 袁筱媛

主要材料 / 胡桃木板、磁砖、黑铁板、橱柜门板、黄色大理石、超白喷砂玻璃、白色烤漆板、5mm黑镜、8mm强化清玻璃

LOFTS

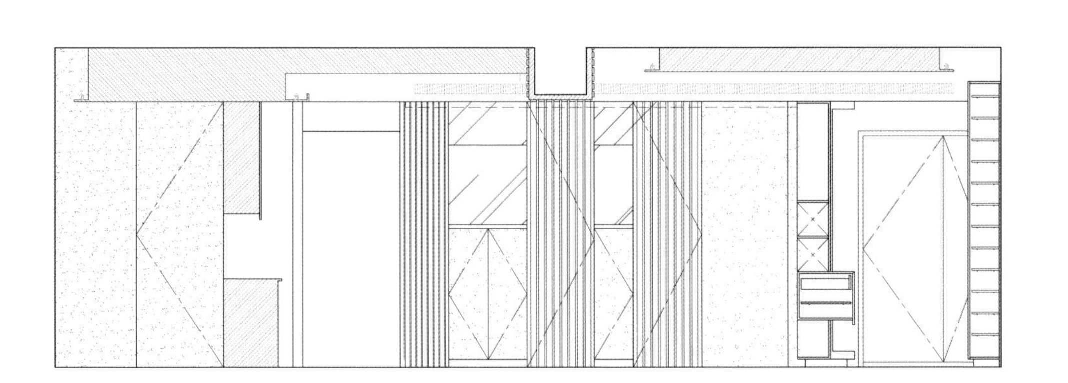

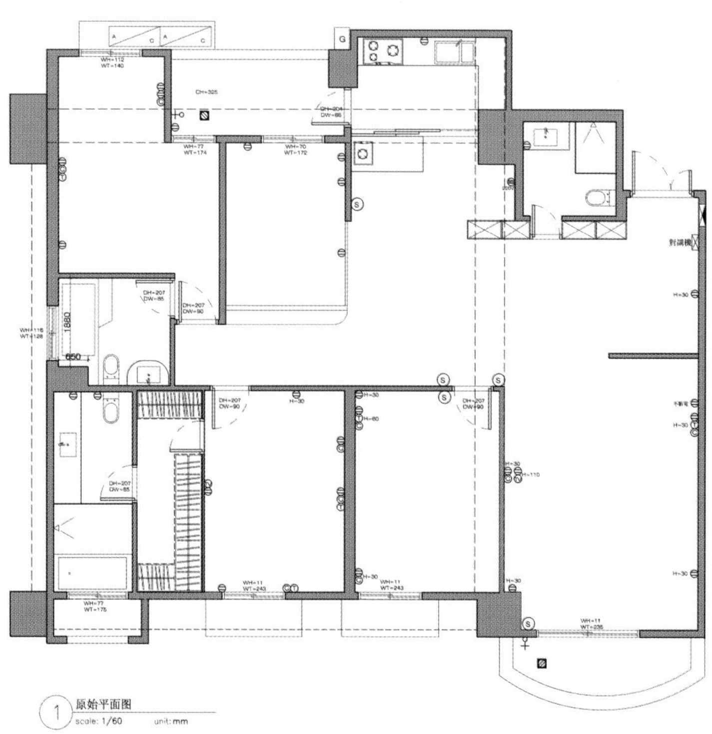

1 原始平面图
scale: 1/60 unit: mm

ABCDE
FGHIJK
LMNOP
QRSTU
VWXYZ
ÅÄÖ

设计从屋主的生活形态与性格延伸出空间的设计概念，强调了材料本身的质地，透过线条与比例的布置，形成朴质的空间。

入口以装置艺术造型设置半遮蔽玄关，解决了进屋后的隐私问题，以凿面理石包覆，以L形围绕成“口”字形隐喻太极的概念，以黑铁作为分割，增加细节，高柜则以胡桃木包覆，与浅色凿面理石形成对比。

贯穿客厅与餐厅的木格栅造型遮蔽了原有的结构梁，同时也包覆了管线，至餐厅墙面转折落地，成为壁柜门片，L形形体使客厅与餐厅产生了共有的设计符号。餐厅吊灯穿过木格栅梁下方，减轻了结构感，让空间透过交迭错落形成更多层次。

客厅电视墙面以理石铺设，转角处以黑铁板作为展示柜，并崁入理石墙面，透过开放柜体与薄型的黑铁结构与理石墙面形成对比，电视墙下方以胡桃木板作为台面，并与理石同样转折90度角，衬托出理石的体量感。

主卧室更衣间的隐藏门与隐藏的化妆台使空间更简单，书桌是由旧有的原木重新打磨并重新设计的，床座与沙发结合设计，规整的线条使空间更加利落，山纹胡桃木与原木书桌相互搭配，与白色的柜门形成对比。

男孩房的更衣间为设计的重点，融入了展示概念，置入了这几年流行的工业风格，以喷黑铁制水管组成衣架，并以黑色透明玻璃作为隔间，提升了整体质感。

女孩房墙面刷特殊漆，水泥色的墙面搭配白色的柜体，形成优雅的简单风格。

整体空间配色以灰色为主，理石、黑铁、磁砖、橱柜门板、胡桃木等，皆加入了灰色调。灰色在空间中为中性色彩，本身并无明确的个性及重量，却可以透过灰度使空间更加沉稳，更有设计感。

High-end Residential Design Trend In Taiwan

SIMPLE TASTE NORTHERN EUROPEAN LIFE

简约品味 北欧生活

地 点 / 中国台湾　　**面 积** / 76m^2　　**设计公司** / 子境空间设计　　**设计师** / 古振宏

主要材料 / 烤漆、木作、超耐磨木地板、不锈钢件、大理石

“融入清淡舒适的北欧小调，演绎简约生活的雅致品位。”自玄关起，柜面量体接续延伸，定义出墙面主题的横幅范围；绝佳尺度的开窗，纳入一室纯净的幸福暖度。在深刻、强烈的黑、白色调中，带入些许灰阶质感，让整体风格更趋稳定和谐。设计将台面与沙发靠背整合思考，斜面段落以不锈钢件构成，在安定感与延伸性之间拿捏出最佳平衡。看似连接的开放空间，透过天花造型与地面的区别，界定出独立的情境。

DEN
MARK

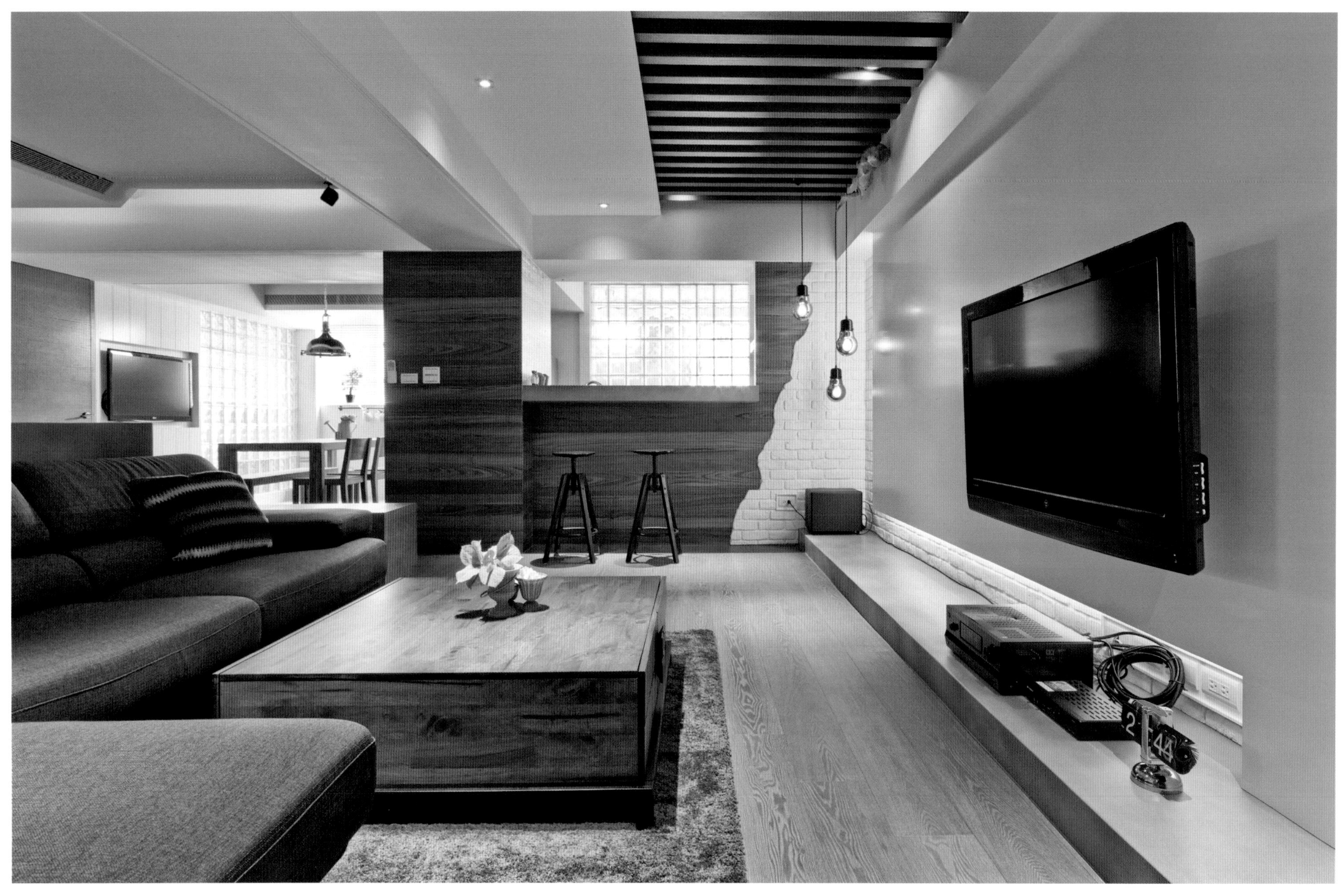

High-end Residential Design Trend In Taiwan

A HOUSE IN DATONG, TAIPEI

台北大同某住宅

地 点 / 中国台湾台北市大同区　**面 积** / 115.5m²　**设计公司** / 杰玛室内设计有限公司

设计师 / 游杰腾　**主要材料** / 柚木钢刷、橡木染色钢刷、铁件、烤漆、文化石、茶镜、环保漆

玄关处收藏了长辈赠与的佛首，利用颜色和材质的搭配，呈现出沉静的意象，使玄关成为了一个传换心境的空间。

房屋本身天花板低，加上大柱子十字梁，因此，设计师运用了造型修饰的手法，在天花板上做折板和斜面设计，搭配光源增加视觉层次，营造高低的错落感，减少了视觉上的压迫感；并利用梁柱的特性，在空间中形成隐形的隔间，区分出客厅、开放式书房、餐厅与厨房。

在只有单面采光的条件下，设计师打通了实体隔间墙，并使用具有穿透性的材质，将温和的光线引入室内，让光线在空间中流转。在玻璃砖材质的选择上，雾面玻璃不但透光，也能保证住户的隐私性。

餐吧台旁的文化石与水泥，以及墙面上的剥落木皮材质，透过吊灯光线的处理，增加了前后明亮的层次，作为一个端景，在自然粗犷中透露出细腻感。

设计通过南方松地坪区隔出小阳台，不仅扩展了空间尺度，同时，栽植小盆景也增添了生活乐趣。

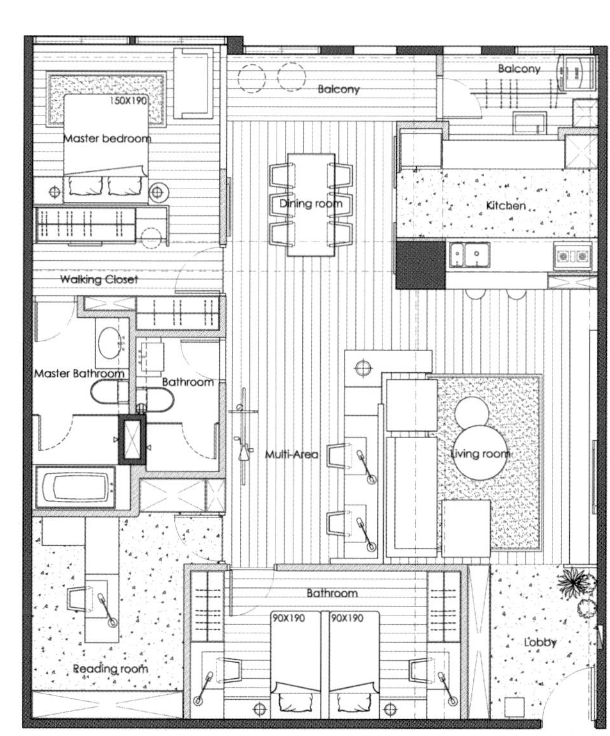

DESIG

JMID

DESIGN

High-end Residential Design Trend In Taiwan

LIANYUAN XINYUE IN NEIHU

内湖莲园心悦

地 点 / 中国台湾台北市内湖区　**面 积** / 132m²　**设计公司** / 界阳&大司室内设计　**设计师** / 马健凯　**设计风格** / 现代风格

主要材料 / 铁件、卡拉拉白大理石、木地板、石皮板、实木

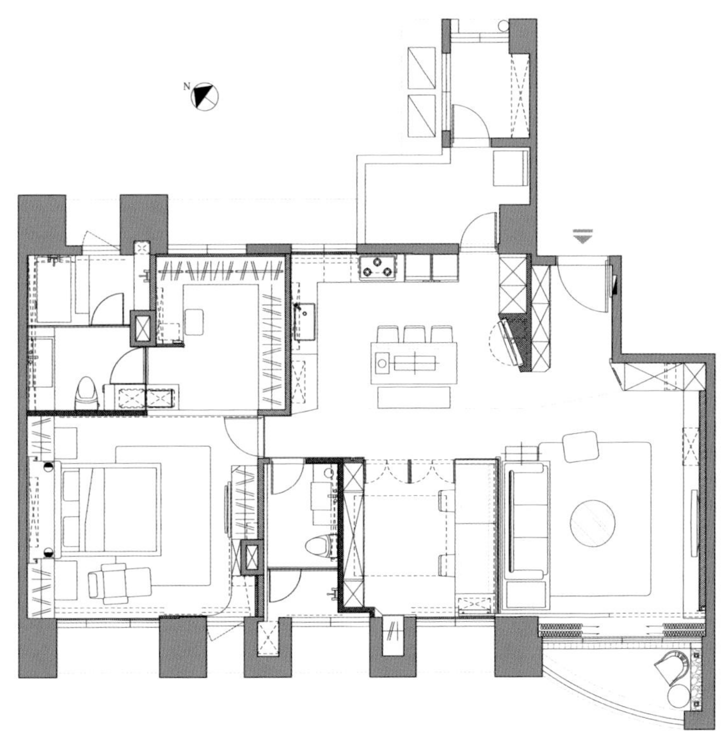

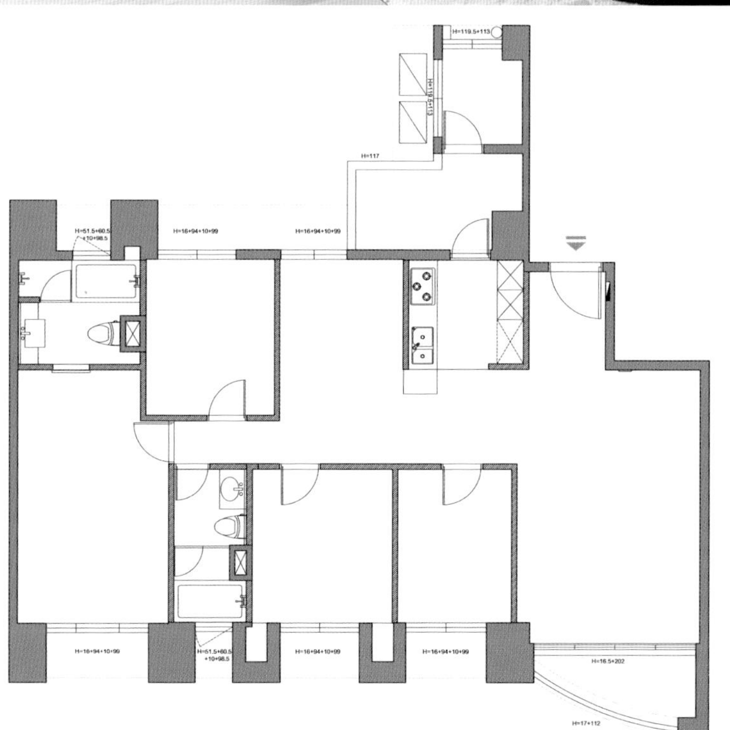

建构自然人文与现代时尚的平衡美学

三片叶子的logo代表的是销往88个国家的健康产品的经典意象，它深植于每个受惠者的心中，也植根于每位贺宝芙人的生活里，尤以是身为贺宝芙总裁的屋主，更坚持要将logo放入空间设计中。经过水晶logo闪耀的玄关进入室内空间，设计师拆除了原四房格局，改以两房敞阔样貌呈现整体空间。另外，考虑到使用的实务机能性，以天然的实木与砖面地板巧妙地将开放空间一分为二，并以光沟、石皮板串连，取得了自然人文与现代时尚的设计平衡，从居住品质中体现品牌宗旨。

MR LI'S RESIDENCE IN BAMBOO FAMILY, KEELUNG

基隆竹科家李公馆

地 点 / 中国台湾基隆市　**面 积** / 198m²　**设计公司** / 绝享设计　**设计师** / 黄俊勋

设计风格 / 都会时尚

从黑白到彩色，好设计让舒适延续到未来

1. 稳重又尊贵的客厅电视墙

为了突显透天建筑的稳重性，电视主墙以黑白龙大理石作为主要材料，强调了尊贵感，而左右两侧则以镜面作底、喷涂黑色烤漆来设计图腾，让主墙更具装饰感与变化，也使设计更有气势。

2. 充满旅行回忆的客厅精品墙柜

喜欢出国旅行的屋主夫妇，常常在旅程中带回一些精致的特色纪念品，设计在沙发主墙上特地以精品柜的概念设计了展示柜，装饰灰镜线条与块面让画面更活泼。

3. 方便凭窗闲谈的移动式茶几

窗边利用建筑的造型设计了座榻区，让客厅在家族聚会时可增加不少座位，当然，平时屋主也可以惬意地闲坐在此喝杯咖啡；座位中的茶几还特别做了可移动式设计，靠墙、摆中央都可以，使用起来更为方便，而座位下也设计了收纳机能。

4. 屏风让餐厨空间更独立、环保

屋主极重视节能减碳，特别要求餐厅与厨房要区隔起来以避免冷气外漏，但考虑到空间的穿透感，设计最终决定以铁件细框与清玻璃设计成四片推门，平时可移至中岛与餐桌间，保持开放格局，变成优美的植物叠影屏风，关上时也不至于让空间太封闭。另外，右侧就是电梯出口，为了划分玄关位置，地板用了不一样的金属与大理石马赛克砖作区隔，搭配天花板灯造型，更加凸显了玄关的独立感。

5. 斜切设计的餐柜兼顾了美感、机能与动线的需求

厨房的台面不是很大，所以餐柜最右边规划为电器柜，可以收入微波炉等小家电，另外，餐柜的深度由右而左逐渐递减、变浅，这样可以使动线更为顺畅，而且左侧又恰好与客厅衔接，避免了正正方方的柜体在视觉上的呆板；餐柜上下的光源配合也让橱柜的重量感大减，让空间更显轻盈。

厨房的门板为烤漆玻璃，质感较好，也更容易清理，人造石吧台也可以让女主人更好地和家人互动。另一方面，因为这是电梯进门的第一空间，设计便在视觉上特别利用了梯间下方的空间，以美丽的光影画面作为视觉端景。

6. 三楼楼梯间也是入门后最美的焦点

虽然只是楼梯动线，但因为是电梯开门后进入室内的第一个聚焦点，所以设计特别在楼梯转角处以烤漆喷制了大型花草图腾，加上投射灯，让主题更明显。由于屋主重视节能，所以楼梯旁的玻璃隔间也是既有穿透感又能减碳的好设计。

7. 粉紫主卧室，带给主人更缤纷的心情

设计运用色彩来提升空间氛围，在窗边还设置了展示柜及书桌，使卧室拥有更多便利机能；此外，设计将平台延伸至床头，结合床头烤漆玻璃色块及桌几、床背裱布等设计，让设计与机能融为一体，而床尾则以更衣间门片及墙面展示洞作为装饰墙，再运用光线的穿透性增加双边互动感。

8. 绿色和室客房

家中常有亲友来访，因此，客房必不可少，没有客人时，家人可在和室里泡茶聊天，最重要的是，以后这里可以直接改成孩子的游戏间，而主卧房就在旁边，方便大人就近照顾。

9. 五楼男孩房将电视墙与书柜合并，更有设计感

男孩房与楼下客厅属同方位，在窗户旁增加座区可提升休闲机能，书桌延伸至窗边，使桌板更大、更好用；床尾设有电视主墙，上方以玻璃来增加卧室与更衣间的互动性，书柜的设计也让整体空间更具有变化性。

10．预留婴儿床位，预留空间的未来成长性

考虑到日后需要在房内增加婴儿床，设计刻意将床头偏左，让目前的书桌区可以有较大的空间，未来也能更好地运用。此外，设计将书桌区和床头墙面相结合，运用浅蓝与灰色做出流畅的块面设计，展现出更宽敞、更有设计感的空间。

ITSU

High-end Residential Design Trend In Taiwan

SHOW FLAT A2-5F OF JIANGSHAN

疆山A2-5F实品屋

地 点 / 中国台湾台北市　**面 积** / 109m²　**设计公司** / DK大企国际空间设计有限公司　**设计师** / 谢启明　**设计风格** / 美式新古典

主要材料 / 天然石材、石英砖、海岛型木地板、喷漆、艺术线板、木皮染色、石材马赛克、丝质壁纸、黑色玻璃、黑镜

本案位于台北市内湖的山坡区，户外有大片的自然景观，设计师运用大量的灰色镜面将山坡的景致延伸到室内的客厅、餐厅等公共领域；比例完美的线板转折与分割，优雅的家具搭配与用色，让室内呈现出一种宁静祥和的氛围。

主卧及次卧延续了美式新古典的简约与优雅，白色的基调除了展现干净利落的特质，还于细节中凸显了细腻、品位与质感。

由于楼板挑高至3.2米，设计师便在书房与厨房之间巧妙地规划了一处弹性的客房空间，虽然高度有限，但单纯的睡眠空间仍设有大尺度的收纳柜，并巧妙运用照明使其产生空间层次感，让人眼光为之一亮。

书房是为喜好东方文化的男主人量身定制的专属私人领域，在有限的空间里规划了阅读用的书桌和大尺度的罗汉床，值得一提的是，设计利用客房的阶梯设计了收藏品的展示陈列区，让空间的每一分都得到充分利用!

主卧及公共浴室在保证与项目整体风格一致的基础上，针对使用者的要求及喜好分别设计了不同的功能。

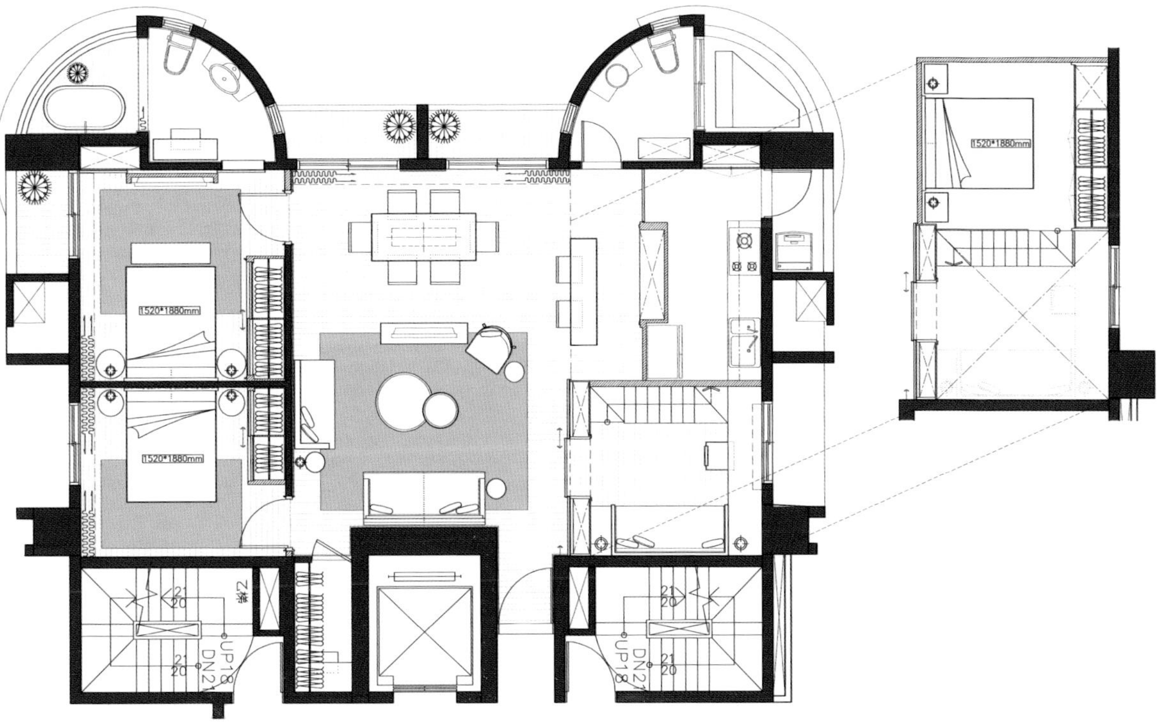
1520*1880mm
1520*1880mm
1520*1880mm
乙梯
21
20
UP18
DN21
21
20
21
20
DN21
UP18
21
20

High-end Residential Design Trend In Taiwan

BACK TO NATURE

回归自然本色

地 点 / 中国台湾高雄市　**面 积** / 172m²　**设计公司** / 原境国际室内设计　**设计师** / 邱郁雯

主要材料 / 梧桐木、黑菩提木皮、不锈钢、灰镜、灰玻璃

“开放格局，共享时刻”为本项目的设计主题。回归自然本色，让大自然走入生活，为家居空间带来更多的自然的语汇。空间规划拥有穿透性、流动性，但又区隔了不同的空间，让视线随着串连的空间顺势展开。

以天然石材、实木、仿清水模涂料等富有自然肌理的材料作为立面的张力表情，通过纹理引出温润质朴的空间氛围。单纯的几何线条的家具，将多余的特殊形态化繁为简，突显了素材浑然天成的质感，以沉稳且低彩度的深灰色调搭配实木皮天然原色，更能塑造出空间的稳定感。以自由姿态生长的植栽与水草鱼缸的点缀，为平静的气氛中增添了朝气。简洁利落的线形分割设计，化解了相互冲突的材质表现。床头主墙面宽窄，采用深浅分割，梧桐木天然粗犷的质感，是主卧室内重点强调的视觉画面，且将其延伸至窗畔卧榻，增加了卧房舒适自在的氛围与轻盈感。

INTERIORSPACE
INTERIORSPACE

12
4
5
7
9
8
6
1
2
3
10
11
12
1 玄关 Entrance
2 餐厅 Dining Room
3 厨房 Kitchen
4 客厅 Living Room
5 书房 Home Office
6 走廊 Aisle
7 主卧室 Master Bedroom
8 更衣室 Closet
9 主卫浴 Master Bathroom
10 次卫浴 Bathroom
11 次卧室 Bedroom
12 阳台 Balcony

High-end Residential Design Trend In Taiwan

EXTENDING. BOUNDRY

延.界限

地 点 / 中国台湾台中　　**面 积** / 330m²　　**设计公司** / 格纶空间设计　　**设计师** / 虞国纶

主要材料 / 钢刷木皮、铁件、黑镜、火焰玻璃、金属砖、木作烤漆、皮革、不锈钢、观音石皮、黑色钢刷木地板

黑白对比引领时尚

空间其实是居住者性格的倒影，而屋主喜爱的内敛、简约、精品质感，从一进门的玄关区就不断反复演绎。地面铺设锈铜砖，与公共空间的白色结晶砖界定出内外空间。两侧墙面黑白对比，利用同一款钢刷木料染白或晕黑的手法，表现出连续面的转折与丰富的层次，从玄关隔间绕过大型收纳柜一路转折延续到餐厅周边的刷白介面，巧妙隐藏了动线途中不可避免的客浴、厨房、卧室房门，大大提升了餐厅情境和视觉的完整性；另一侧，从玄关造型墙衔接斜角收纳柜到电视墙，一气呵成地打造成染黑量体，在深浅介面的拿捏与布局之间，经由色彩、材质、空间比例塑造出自信优雅的空间性格。

屋主不喜欢太多的颜色干扰空间，因此无论是立面造型、材质选择，还是全宅的家具软件搭配，都以黑、白、灰为主，而客厅电视主墙的处理，更是善用材质反差表现空间细腻度的最佳示范：凿面观音石片的粗犷、质朴，结合周边黑色基材的沉稳、玻璃台面的精致，烘托出整体的不凡气势。

此外，餐厅的定位是让整个屋子零走道的关键。设计将餐厅安排在全宅动线交汇的轴心点，巧妙地将实质的走道纳入餐厅、客厅与吧台区间的公用范围内，并利用沿着玄关延展的双色地材线与对应的天花板的落差层次，微妙地划分了双边空间属性，同时引动了全室流畅而自由的景深与动线。

奢华材质凸显精品质感

本案屋主为单身，平常喜欢与好友聚会，所以客厅沙发后方的区域，设计以Lounge Bar的形式来规划。吧台区内以一座外覆不锈钢的银色双层时尚餐台为中心，后靠墙面依序规划红酒冰箱、茶水吧、灯光酒架等机能。最特别的是，餐台柜体与酒架下方精心装设了LED彩光，配合上方的黑镜层次天花板，绚丽缤纷的光影交织于上下四方之间，使空间美仑美奂。

High-end Residential Design Trend In Taiwan

ELEGANT AND GORGEOUS RESIDENCE

优雅中撷取华丽芬芳

地 点 / 中国台湾新北市　**面 积** / 321m²　**设计公司** / 格纶空间设计　**设计师** / 虞国纶　**设计风格** / 欧式花园别墅

主要材料 / 天然石材、镀钛金属、钢琴烤漆、艺术线板、灰镜、绷布、木纹砖、银箔

在设计之前，本案女主人曾专程远赴意大利，用心搜集了大量资料，并挑选出未来要摆设的相关家具、灯具、饰品等软件单品。设计师表示：“整个风格主题，就是从这些堪称现代工艺结晶的精品家饰开始，顺势衍生出以经典黑、白对比为主轴的时尚概念。”

一楼主要为公共空间，于入口玄关处，你就能体会到备受礼遇的尊荣感。地面的石材拼花融入了平面图腾设计，演绎出屋主喜爱的家徽符号，图案中包含了屋主姓氏、落成年份等含义，是专属于这个家的精神象征。玄关两边高挑的造型墙，除了彰显气势，也别有巧思。其中，灰镜搭配雕刻油画框的造型立面，低调地放大了空间，内部更有大容量的鞋柜收纳；另一侧则以白色古典线条饰板修饰电表箱，围塑出整体大器不凡的印象。

三面有景的客厅采光绝佳，玄关与客厅之间也利用双重地材辅助界定，并特别选用了木纹砖，赋予居家舒适又温暖的休闲情趣。优雅的电视主墙由天然石材打造，并采用切割、错位乱纹、随机排列组合的方式，使其更自然、更活泼，也更具个性色彩；其次，机电柜以镀钛金属刻画出类似古典壁炉的优美线条，是现代科技与时尚古典之间的最佳调和。

与客厅比邻的餐厅同样享受三面迷人景窗，尤其是与厨房间半开放式的互动设计，营造了亲密又自由的生活情趣。餐桌后方打造了一座大型精品柜，利落的金属框架搭配茶玻拉门与灯光，烘托着屋主的精心收藏。

B1是屋主特地替子女们保留的休憩、娱乐、起居空间，设计师以黑、白对比的立体造型墙呼应橘色皮革沙发，造型墙内还隐藏着便利的茶水柜机能，靠窗的区域还规划出和室兼客房机能。

主卧室床头朝向经过调整后，使用者一起身就能欣赏到窗外的美景，床头立面利用雷射切割搭配绷布技巧，表现出裂纹银箔图腾的低调华丽感。考虑到原先的斜顶天花板有些不对称，设计师加上了另一个三角形，营造出小木屋般的趣味性。此外，主卧室的机能也是规划的重点，项目设计了女主人最爱的包包柜、大型衣物柜与独立更衣间，以及隐藏于其他畸零地带的储物柜，设计善用每一寸空间，也圆了屋主的完美别墅梦。

High-end Residential Design Trend In Taiwan

MR CHEN'S RESIDENCE IN ORIENTAL EMPIRE

东方帝国陈公馆

地 点 / 中国台湾台中市七期　**面 积** / 241m²　**设计公司** / 春雨时尚空间设计　**设计师** / 周建志　**设计风格** / 美式风格

主要材料 / 大理石、壁纸、艺术画框、半抛磁砖、木纹砖

月牙般的乳白象牙呼应着拼花地面，烛台造型的水晶灯从棚顶悬垂而下，气宇不凡的大宅气势从玄关荡漾开来。进入室内，视线轻易地就会被金漆描边的雕花线板掳获，如艺术品般的经典家具，巧妙地安排在崭新的设计线条中，除了新旧的融合外，更具有传世的艺文价值。

地面分割了不同的功能空间，餐厅格栅门片的后方是家人主要的活动场所。文化石围塑的空间内，三米长的木作中岛是家人共享早、午餐的地方，也是啜饮、品酒的吧台，在木作格栅天花的映衬下，晕染出一室温柔的美式乡村情调。

WORLD HISTORY
WEAPON

Maxwell House

High-end Residential Design Trend In Taiwan

MR CHEN'S RESIDENCE IN XINSHU ROAD

新树路陈公馆

地 点 / 中国台湾新北市　**面 积** / 214.5m²　**设计公司** / 春雨时尚空间设计

设计师 / 周建志　**设计风格** / 新古典

主要材料 / 线板、大理石、壁纸、茶镜、茶玻

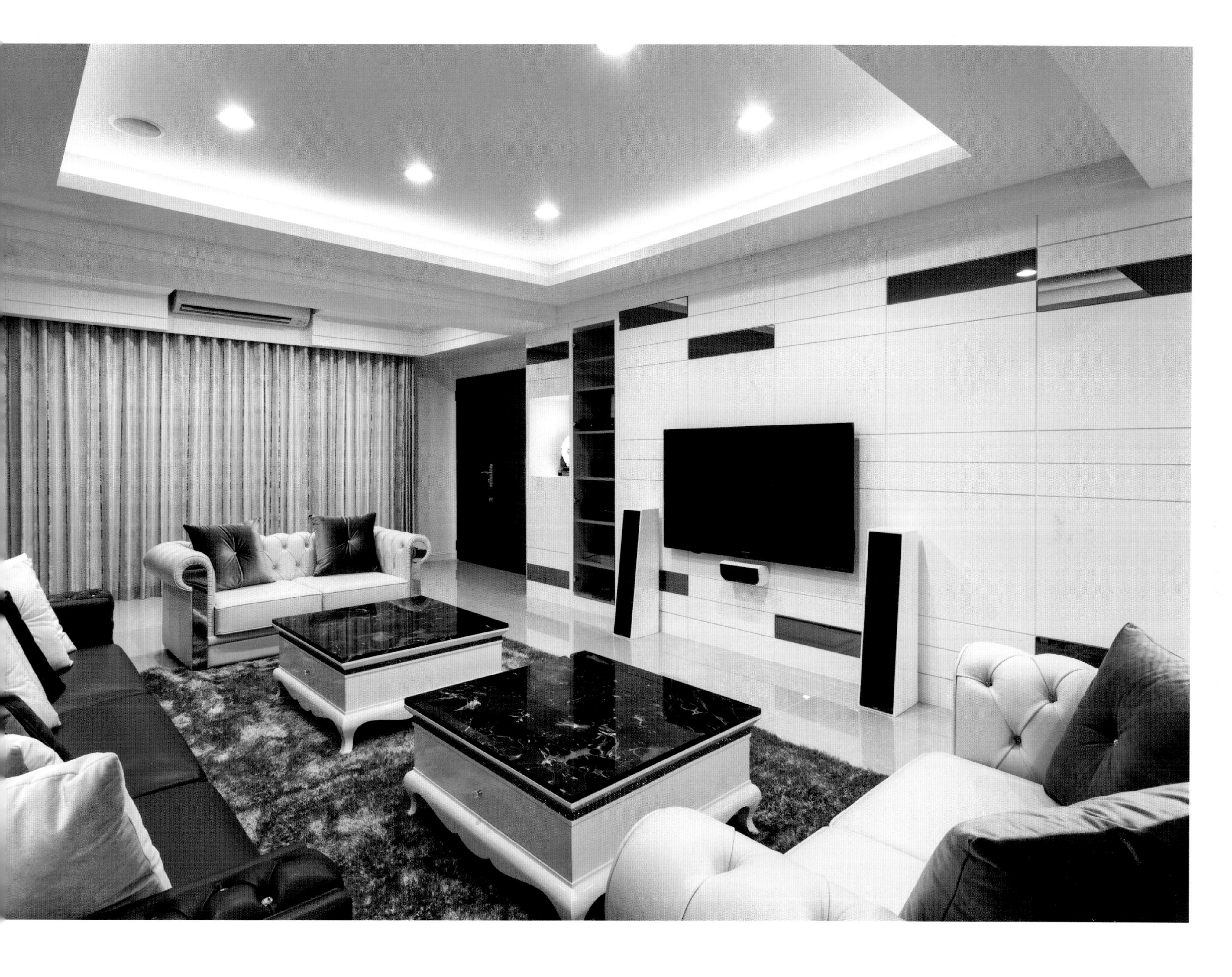

清香袅袅处，顶级品牌logo水刀切割拼贴于玄关地面上，看似无交集的禅净与时尚在日光照耀下，有了完美的链接表情。大宅横向以穿透手法连接了后方空间，喷砂于拉门上的图案丰富了望向厨房的视觉层次。书房的清玻隔间也扩展了空间宽度，在家具和镜面的映衬下，更彰显出豪宅尺度的清朗、奢华。

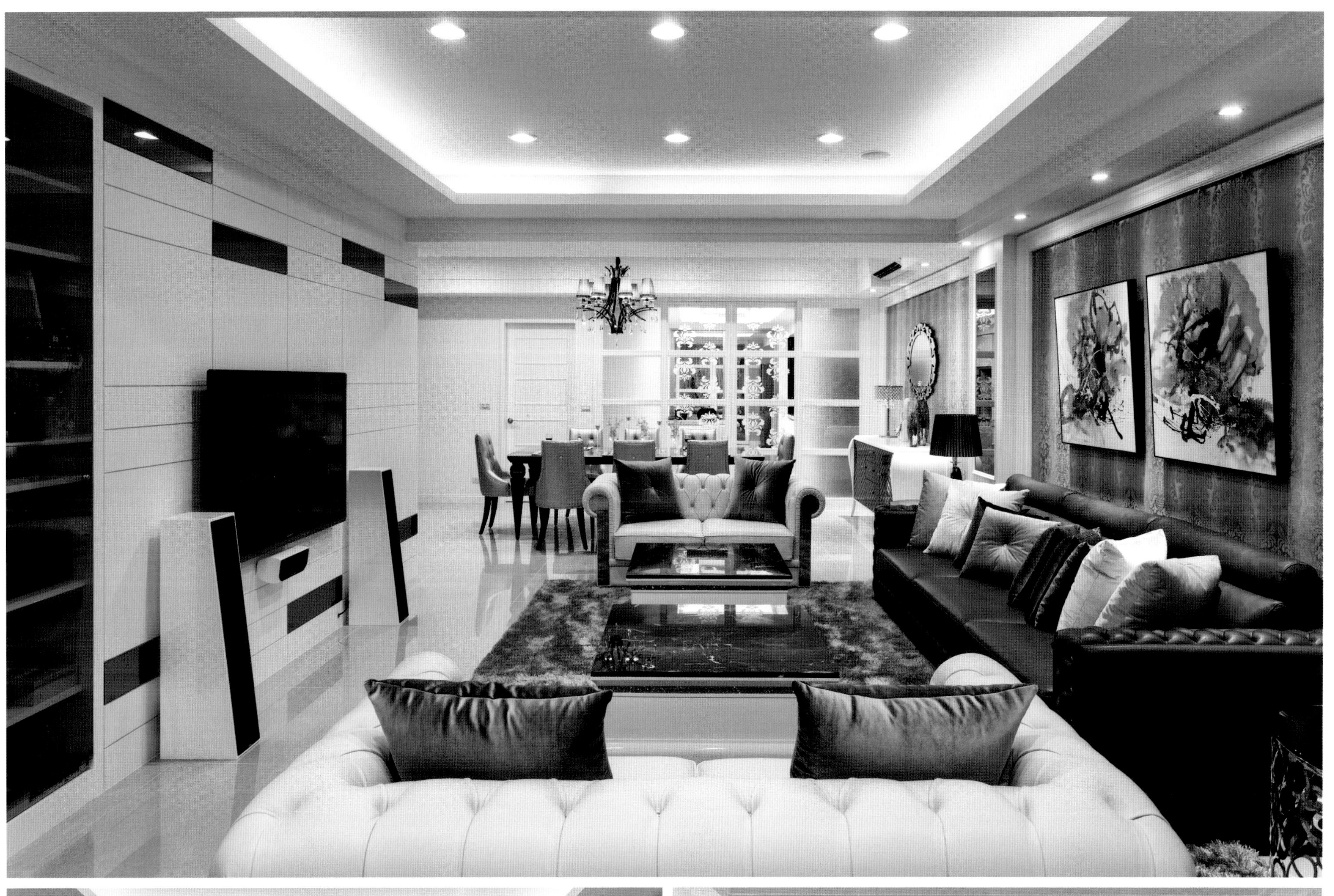

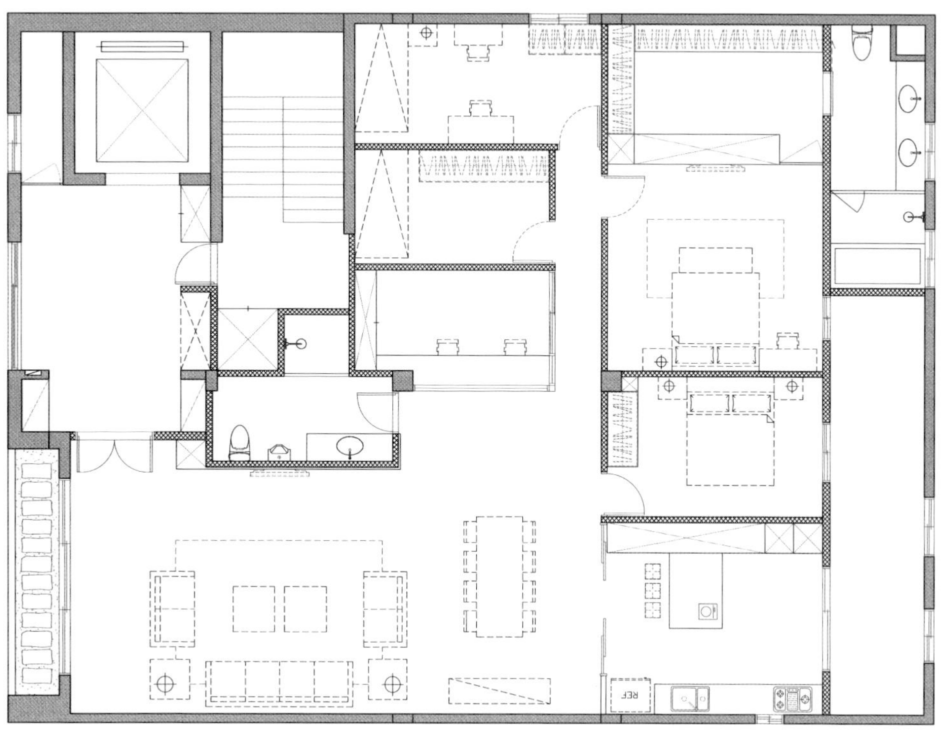
REF

觀自在
觀自在
心無罣礙

觀自在
靜觀自在
心無罣礙

INDEX / 索引

张清平

天坊室内计划 负责人

台湾室内设计专技协会理事

台北市室内设计装饰商业同业公会

会员代表

香港今日家居INNOVATION IN LIFE-STYLE顾问

获奖经历：

2013深圳国际空间设计大奖艾特奖赛(Idea-Tops)，中国，设计之外遇见生活，“最佳陈设艺术提名奖”；

2011 IDA国际设计大奖，美国，龙的DNA，“商业空间室内设计IDA银奖”。

唐忠汉

近境制作设计有限公司　主持设计师

擅长风格：现代时尚风、简约机能风、自然原始风

重视居家的舒适度，以个性鲜明又有质感的设计品位点缀空间；强调空间的生命力，保持独特性，融合自然环境和空间。设计风格不受拘束，以“室内建筑”的概念解构空间，直面不同的空间条件。擅长将光影与空间以完美的比例结合起来，重视创意的实用价值与机能再造。

俞佳宏

尚艺室内设计有限公司 设计师

获奖记录：

2013 上海金外滩大奖 居住空间类金外滩奖；

2012 台湾室内设计大奖 TID Award_商业空间类 TID奖 爵醒30；

2012 台湾室内设计大奖 TID Award_居住空间类/单层 TID奖 衍伸；

2011 台湾室内设计大奖 TID Award_居住空间类/单层 TID奖 轻触大地；

2011 台湾室内设计大奖 TID Award_居住空间类/复层 TID奖 静观；

2010 台湾室内设计大奖 TID Award_居住空间类/单层 TID奖 光合呼吸宅。

陈锦树

富亿室内设计 主持设计师

认为生活即是艺术，要在美观与实用间取得平衡。

2013年获选成为“观众最爱设计师”，并获邀参加东森亚洲台Live新闻节目的专访。2011年荣获第一届“幸福空间亚洲设计奖”的“创意设计奖”。

杨焕生建筑室内设计事务所

杨焕生 东海大学建筑硕士 杨焕生建筑室内设计事务所 主持人

郭士豪 云林科技大学空间设计 杨焕生建筑室内设计事务所 协同主持人

杨焕生建筑室内设计事务所希望作品能呈现多元思维，从纹路、线条、质料、裁剪、配饰、摆设到收边，这一切呈现的不仅是空间的美感，更是对于细节的追求。

善于拆解东、西方经典元素，并给予崭新诠释，从概念、视觉、室内设计、空间氛围营造到家具挑选，把异国的Villa风格带进设计，全方位打造舒适宜人的居住空间。

张祥镐

伊太空间设计事务所 设计总监

空间，是一个存在的语言。构筑空间的并不是理论上的色彩学与材料学的拼贴，而是如何将一个人的感受力转化为具体的氛围。一个人如何生活、如何品味，以及如何思想等等构筑了空间里的每一块砖瓦以及色彩。在伊太空间设计事务所，色彩、材料、家具等并不是一种物质性的运用，而是一种感受力的转化。空间中的每个细节所表现的都不只是表面视觉上的柔和，而是体现了一种深层次的价值。

邱郁雯

建筑环境研究所 硕士

原境国际室内设计 设计总监

设计要体现完整多元的风格，对原境国际团队而言，设计更要以人为本，由内而外地延伸出空间语汇。创造功能性与体验相结合的空间是他们一直以来的理念。

设计，不只是提供室内设计规划，更需掌握细节，打造出符合客户需求与期待的住宅，让业主在每个细节处都能感受到团队的用心。

黄士华

隐巷设计顾问有限公司 主持设计师

2012年 受邀威能“低碳中国行”主讲设计师；

2012年 受邀家饰上海别墅样板间研修课导师；

2013年 受邀家饰杭州别墅样板间研修课导师；

2013年 受邀CIID至青岛大学公开课主讲“设计实务与执行”；

2013年 受邀CIID至石家庄家装知识讲座。

孟羿彣

隐巷设计顾问有限公司 公共主持设计师

国立云林科技大学 空间设计系

擅长商业空间、办公空间、住宅空间的设计，作品曾多次获奖。

陈煜棠

共禾筑研设计有限公司 设计总监

共禾筑研擅长以创新的思维与简洁的手法，根据空间的多样性，配置出良好的动线规划，创造空间的层次感；以简单的材料，严谨的比例分割，运用空间本身的独特性，演绎出空间与使用者的精彩对话。共禾筑研重视生活的本质，而非空间的表面形式，并坚信唯有让空间与使用者产生情感共鸣，空间的存在才有意义。在设计的过程中，共禾筑研不只是在定义空间，也是在创造空间的意义。在专业的设计上，共禾筑研擅长以材料、比例、色彩、光线等元素的搭配，创造出美学与机能兼具的完美空间。

周建志

春雨时尚空间设计 主持设计师

擅于营造美式、和洋、北欧、田园等风格的春雨设计团队，在主持设计师周建志的带领下，以极为严谨而细致的专业态度及实践经验，将日本完整的收纳概念、欧美的温馨休闲，转为适合台湾地区居住品质的空间表现，将生活态度、人文机能、美学概念引到空间中，是台湾地区少见的能完美结合日系机能、欧美风格及台湾需求的室内设计团队之一。透过大、小空间、独栋空间、旧屋翻新等项目的设计，春雨设计团队体贴地为客户提供舒适而高雅的空间潮流新趋势。

虞国纶

格纶空间设计　主持设计师

“以人为本、用心关怀”是格纶设计团队从事设计以来一贯的态度，透过妥善的沟通与了解，将屋主的生活个性通过创意性转化，使其成为空间风格的主题，将媒材、比例、颜色、基调，控制在和谐的状态下，回应居住者对于空间的期待与要求，从动线的规划、机能的整合中，建立“人、空间、生活”三者间的平衡关系。

古振宏

子境空间设计 主持设计师

子境空间设计有着对美的热忱与坚持，同时也注重与客户的事前沟通，尊重客户的需求，以整合双方共同的想法，并运用适当的比例建构室内空间，运用适当材料呈现特定的空间氛围，不奢华、不浪费，寻求空间特色的极致发挥，满足人们对美的期待，并秉持一贯的施工技巧，严格把控工程品质，建构出符合客户需求的空间，全方位呈现动线、机能、美感。

游杰腾

杰玛室内设计有限公司　设计总监

设计从生活开始，通过设计者与使用者间的沟通，在生活的每一个细微处，透过设计价值的具体演绎，使设计融入生活的每个细节中。

设计师一路走来，其设计的作品，自然、清晰，着重运用空间中隐藏的轴线关系，创造出合谐的比例。

马健凯

界阳&大司室内设计　设计总监

一直以来，界阳设计都以黑白、前卫的时尚空间为设计理念，运用玻璃、石材与金属材质，搭配现代科技光照，打造出一场场精彩绝伦的新未来设计盛宴。

为了服务不同的客户群，界阳设计打造出第二品牌“大司设计”，大司设计主要以自然、人文的典雅空间为设计理念，透过木皮、石材、自然光、绿意等自然的元素，为空间注入自然人文的概念。

绝享设计　黄俊勋

中原大学土木工程系研究所
绝享设计　设计总监

人是空间的主轴，要仔细思考人的需求，进而规划出舒适且机能性佳的优质人文居住空间。尤其擅长现代、简约、日式禅风、混搭、新古典风格的设计。

谢启明

DK大企国际空间设计有限公司　设计总监

空间设计是主客观因素综合所产生的结果，业主如同一部电影的制片，而设计师就是电影的导演，在充分沟通的前提下，设计师负责营造整体氛围，整合各项工种及环节，以及所有细节的落实与完整呈现。不断求新、求好、求变是大企一向的原则，希望能通过其对空间设计的热忱、坚持及品质要求，让美的事物充斥于日常生活中。

参编人员

本书的编写离不开以下各位的帮助，正是有了他们专业而负责的工作态度，才有了本书的顺利出版。参与本书编写的人员有（排名不分先后）：

欧阳云、周晓琪、周美龄、颜　军、周志强、徐　剑、黄　芸、李红靖、

周　锋、陈　哲、王　丽、庄素珍、李　华、欧阳星、周志强、周　康、

陈　圆、庄丽红、庄丽娟、熊桂花、周升楚、吴桃枝、刘　丽、周升堂、

杨长光、章加宁、赵迎兰、张　辉、石凡、徐　超、吴俭英、徐　伟、

陈　圆、王　玲、欧阳亮、周　慧、吴　颖、吴周钊、周　霞、贾春萍、

徐　薇、彭水兰、邱玉萍、肖　健、刘云玮、周　琴、雷小兰、章金武、

叶祥耀、邹　鑫